建筑工程施工快速上手与提升

王力宇　主编

中国电力出版社
CHINA ELECTRIC POWER PRESS

内 容 提 要

本书根据建筑工程结构施工的特点，以职场新人的角度介绍刚入职的施工技术人员需要掌握的基本技能和日后所需提高的能力。首先对建筑从业环境进行了剖析，对不同岗位的晋升做了一定阶段的分析，尽可能地帮助刚毕业的新人快速了解所处的工作环境，并对自己的职业发展做出正确的规划。在施工技术方面，将不同的施工节点分为“必备技能”和“提升技能”两个层级，从而让读者能够根据自己的工作积累，快速掌握最基础的相关技能，尽快地开展手头的工作，同时对今后的工作需要掌握的能力，也有一个大概的了解，为自己的进一步提升做好准备。

本书内容简明实用、图文并茂，适用性和实际操作性较强，可作为建筑工程技术人员和管理人员的参考用书，也可作为土建类相关专业大中专院校师生的参考教材。

图书在版编目（CIP）数据

建筑工程施工快速上手与提升 / 王力宇主编. —北京：中国电力出版社，2017.1（2017.11重印）

（菜鸟入职与快速提升系列）

ISBN 978-7-5123-9970-9

Ⅰ. ①建… Ⅱ. ①王… Ⅲ. ①建筑工程–工程施工–研究 Ⅳ. ①TU74

中国版本图书馆 CIP 数据核字（2016）第 256682 号

中国电力出版社出版发行

北京市东城区北京站西街 19 号 100005 http://www.cepp.sgcc.com.cn

责任编辑：杨淑玲 责任印制：蔺义舟 责任校对：郝军燕

三河市航远印刷有限公司印刷 • 各地新华书店经售

2017 年 1 月第 1 版 • 2017 年 11 月第 2 次印刷

850mm×1168mm 1/32 • 9.25 印张 • 222 千字

定价：39.80 元

前 言

不少刚毕业的学生，顶着高学历的光环进入施工企业，往往被打上“什么都不会”“什么都干不了”的标签，这也是大多数刚入职的建筑业新人所经历的第一个“槛”。要想尽快跨过这道门槛，就要尽可能早地上手现场工作，摆脱“菜鸟”头衔。同时，刚进入建筑业的新人，对不同的岗位缺乏了解，也不知道不同岗位的晋升通道与特点，基本上都属于领导安排什么就干什么，从一开始就输在了起跑线上。

本书针对这两个问题，让“菜鸟”们知道不同的岗位是干什么的，如何在最短的时间内，上手基础性工作，不同岗位的晋升通道有何微妙之处，对于自己今后的发展有何影响，尽可能地主动选择自己的岗位。全书对建筑施工企业的基本构成单位——项目部中不同岗位的性质、职能、发展方向做了概要的说明，在具体施工技能上，介绍了哪些是一开始必须掌握的，哪些是后期再慢慢学习的，从而让读者在了解岗位职责的基础上，尽快开展工作。

本书首先介绍了建筑施工职业环境和不同岗位的晋升路径，其次介绍了建筑工程的划分和各分部分项工程的施工基础要求，再次介绍了建筑“菜鸟”们所必须掌握的识图技能，最后对于建筑结构工程各分项施工进行详细的讲解并且对这些技能进行划分，告诉读者哪些是初入职场所必须掌握的、哪些是日后工作中需要提升的。书中配以与之内容相关的现场照片和示意图（重点的内容直接在图中进行标注和讲解），还在每节的内容中讲述了该部分的施工常用数据或施工常见问题及解决方法。

参与本书编写的人有：刘向宇、安平、陈建华、陈宏、蔡志宏、邓毅丰、邓丽娜、黄肖、黄华、何志勇、郝鹏、李卫、林艳云、李广、李锋、李保华、刘团团、李小丽、李四磊、刘杰、刘彦萍、刘伟、刘全、梁越、马元、孙银青、王军、王力宇、王广洋、许静、谢永亮、肖冠军、于兆山、张志贵、张蕾。

本书在编写过程中参考了有关文献和一些项目施工管理经验性文件，并且得到了许多专家和相关单位的关心与大力支持，在此表示衷心的感谢。由于编写时间和水平有限，尽管编者尽心尽力，反复推敲核实，但难免有疏漏及不妥之处，恳请广大读者批评指正，以便做进一步的修改和完善。

编　者

目　　录

第 一 章

职场环境剖析与职业规划

第一节 职 场 环 境 剖 析

一、建筑施工企业

1. 施工企业组织管理机构

施工企业组织管理机构与企业性质、施工资质及企业的经营规模有密切关系，比较常见的施工企业组织管理机构如图 1–1 所示。

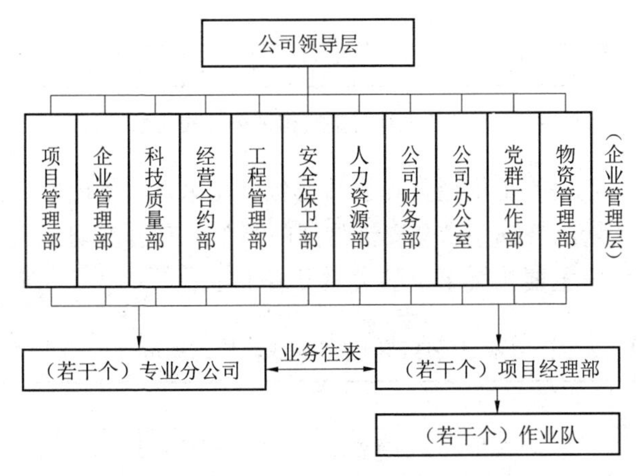

图 1–1 施工企业组织管理结构示意图

2. 项目经理部组织管理机构

项目经理部是施工企业为了完成某项建设工程施工任务而设立的组织，由项目经理在企业的支持下组建并领导、进行项目管理的组织机构。比较常见的项目经理部组织机构如图 1–2 所示。

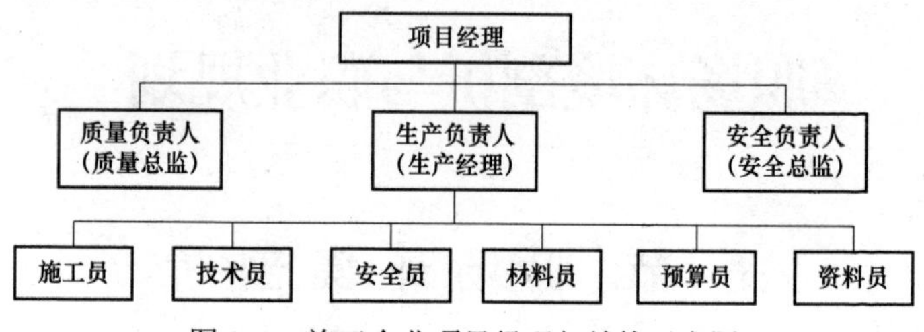

图 1–2　施工企业项目经理部结构示意图

3. 项目经理部与主要相关单位的关系

项目经理部与主要相关单位的关系如图 1–3 所示。

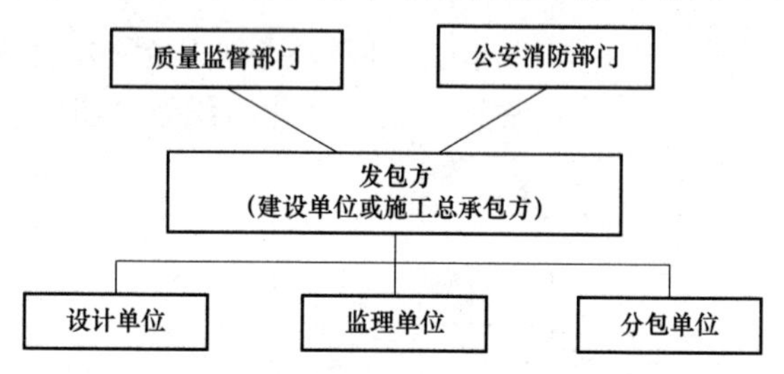

图 1–3　项目经理部与主要相关单位的关系示意图

一个完整的工程通常与设计单位、发包方、监理单位、分包单位、质量监督部门、公安消防部门等单位有着密切的关联，项目经理部与主要相关单位的关系见表 1–1。

表 1–1　　项目经理部与主要相关单位的关系

单位	业务关系
发包方	发包方代表建设单位或施工总承包方，项目经理部和发包方的关系非常密切。从投标开始，经过施工准备、施工中的检查与验收、进度款支付、工程变更、进度协调，到竣工验收。两者之间的工作主要是洽谈、签订和履行合同

续表

单位	业务关系
设计单位	施工准备阶段设计单位进行设计交底。设计图纸交底前，项目经理部组织专业人员审图，在充分了解设计意图的基础上，根据施工经验提出改进措施。图纸会审时应做好书面记录，并经监理（建设）、施工、设计各方签字，形成有效记录。 在施工过程中，一般按图施工。当图纸存在问题而现场无法施工时，应向设计单位提出自己的修改建议，与有关专业设计人员进行协商，办理变更洽商，保证施工的顺利进行
监理单位	项目经理部与监理单位在工程项目施工活动中，两者相互协作。在施工中，监理单位代表建设单位对工程进行全面监督。监督在建设单位的授权下，具有对质量、工期、付款的确认权与否决权。监理单位与施工项目经理部的关系是监理与被监理的关系，而施工方应接受监理单位并为其工作提供方便
分包单位	项目经理部要掌握分包单位的资质等级、机构、人员素质、生产技术水平、工作业绩、协作情况。必要时进行实地考察，充分了解各分包单位情况。 负责对分包单位进行管理，保证施工安全、施工质量和施工进度，协调各分包单位之间的合理工作关系
质量监督部门	质量监督部门由政府授权，代表政府对工程质量进行监督，依据有关国家（地方）规范、标准对质量进行把关，可随时对工程质量进行抽检
公安消防部门	施工项目开工前必须向公安消防部门申报，由公安消防部门核发施工现场消防安全许可证后方可施工。 施工期间，工程消防设施应当按照有关设计及施工规范进行施工，并接受公安消防部分的检查。 工程完工后，应由公安消防部分进行消防设施的竣工验收。验收合格后才能交付使用

二、施工员的岗位职责与主要工作内容

1. 施工员的岗位职责

施工员的主要岗位职责涉及的内容十分广泛，如在土方开挖过程中要配合分包单位进行工作，土方开挖所用机械的数量、人工要合理地进行选择，在分包单位进行标高测设的过程中要对分包单位测设的标高进行复测，在边坡支护过程中要对分包单位进行技术交底（边坡支护采用什么形式与方法、边坡支护使用的材料）等内容。

施工员是项目经理部中最主要的基层管理人员之一。其工作几乎涉及项目管理的全部内容，他在项目经理部与作业队之间起着非常重要的作用。

施工员的主要职责如下：

（1）主抓施工管理工作，做好生产要素的综合平衡工作以及与各专业工程交叉作业综合平衡工作。

（2）直接负责施工过程中质量、进度、成本、安全、文明施工工作。

（3）负责施工计划的编制和实施，组织人、材、机的进场准备工作，在施工过程中对所属施工区域进行管理和协调。

（4）对施工班组进行安全、技术交底，并组织实施。

（5）协助材料员对进场材料、构配件进行检查、验收和保护。

（6）负责组织施工机械设备进出场协调管理，监督维修和保养等后援保证工作。

（7）组织脚手架及各种设备的安装验收，落实保养措施。

（8）组织做好生产系统信息反馈及各项工作记录。

（9）制定成品保护措施并组织实施。

2. 施工员的主要工作内容

施工员的工作贯穿在整个施工过程中，工作内容涉及项目管理工作的多个方面，这些方面的工作是相互关联、相互交叉、循环进行的。

施工员的主要工作内容如图 1–4 所示。

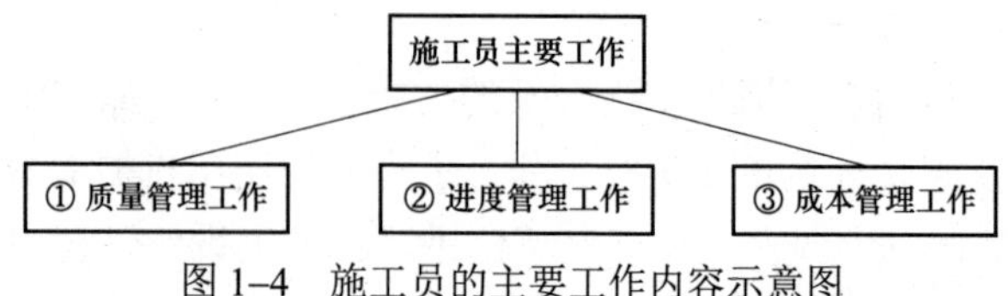

图 1–4　施工员的主要工作内容示意图

① 质量管理工作（以钢筋工程为例）：施工准备阶段的主要工作内容，包括对进入现场的钢筋进行验收、检验钢筋的重量是

否合格、出厂检验报告和出厂合格证是否齐全等；施工阶段的主要工作内容，包括检查加工钢筋的尺寸和形状是否合格、钢筋在绑扎安装过程中是否符合图纸及规范的要求等内容；验收阶段的主要工作内容，包括对分包单位所做的工作进行检查，在自检合格的基础上找监理单位的工程师进行验收。

② 进度管理工作（以土方工程为例）：根据土方工程的总进度计划，合理地安排分包单位进行工作，对分包单位每周（月）所完成的实际工程量与进度计划进行对比，检查有没有按照计划规定的时间完成工作，若发现工期有延误应及时地采取措施（如增加机械数量、施工人数等），加快施工进度，以保证工期。

③ 成本管理工作（以土方回填工程为例）：土方回填时，首先应根据施工场地的条件和施工图的具体数据合理地安排人数、机械进行施工，在施工过程中要制订经济、合理的施工方案，以减少成本支出，若发现成本有超支现象，应及时地进行调整（可以从机械数量、施工人数、施工方案等方面进行调整）。

施工员的工作内容主要有质量管理工作、进度管理工作、成本管理工作等几项内容。

（1）质量管理工作。

1）施工员在项目不同阶段中的质量工作内容见表 1–2。

表 1–2　　　　项目不同阶段中的质量工作

时段	质量工作内容
施工准备阶段	进场人员技术资质，施工机械设备控制
	建立项目质量控制体系
	施工单位质量保证体系的核查
	原材料、半成品、构配件质量控制
	设备采购、订货、材料加工制作的质量控制
	新材料、新产品、新工艺、新技术鉴定审核
	工程技术环境的监督检查

续表

时段	质量工作内容
施工阶段	工序质量检查
	施工作业的监督检查
	检验批、分项工程、分部工程的检查
	材料试验报告的审核
	新材料、新工艺、新技术试验报告审核
	组织质量信息反馈
验收阶段	单位工程、单项工程的验收
	单机试运行或联动试车
	竣工验收
	与建设单位进行工程项目交接

2）施工员对所管分部（子分部）工程的质量负施工责任，并参与项目质量管理工作。

① 参与确定施工和验收的有关质量标准；材料、设备的产品标准。

② 在工作中执行质量管理制度和有关规范（程）及标准。

③ 参加有关设备和材料的进场质检工作。

④ 完成施工过程中的自检、互检和交接检。

⑤ 配合质检员对技术资料和施工现场的检查工作，并接受其监督和指导。

⑥ 参加内、外验收并负责整改工作。

（2）进度管理工作。施工员主要是依据项目经理部制订的施工总控计划合理制订本专业施工的进度计划，并将计划落实到施工作业队。

1）参与制订“总控进度计划”，以及年、季、月、旬、周的施工进度计划。

2）按照计划要求，合理安排工序；平衡施工任务与人工、材料、设备、外部协作等因素的关系，以保证施工进度。

3）通过施工任务书将进度计划下达到施工作业队。

4）要逐日或定期检查进度计划实施情况、发现问题及时解决。

5）当由于工程变更或其他因素造成进度延误时，应及时通知有关人员调整计划和办理经济索赔等工作。

（3）成本管理工作。施工员主要是依据项目经理部对所管分部（子分部）工程确定的成本控制目标，做好人工、材料和机械成本的控制工作。

1）认真审核图纸，在保证工程要求和重量的前提下，提出更经济、合理的修改意见；及时形成工程变更文件并办理相关手续。

2）综合考虑工程复杂程度、工期、现场条件、人员及装备等情况，制订出经济、合理的施工方案，编制施工预算。

3）组织均衡施工和做好技术、质量管理工作，尽量避免窝工和返工，以加快施工进度。

4）根据工程进度需要，配合材料员适时采购所需材料、设备，减少资金占用；严格执行限额领料制度，适时组织材料、设备进场并做好保管工作，减少损耗。

5）合理选择施工机械，正确操作，提高利用率并做好维护保养工作，降低机械成本。

6）配合统计员工作，定期提供进度、工程量、人工、材料、机械等耗量的基本数据。

7）必要时参加成本核算分析，针对所管范围出现的超支问题，提出改进措施。

三、技术员的岗位职责与主要工作内容

1. 技术员的岗位职责

技术员的主要岗位职责就是编制施工方案、施工技术交底和

其他一些技术性质等方面的工作，如在土方开挖过程中要编制土方开挖施工方案，方案中包括土方开挖的施工方法、机械和人工数量、边坡支护采用的方法和材料等方面的内容。

技术员是项目经理部中最主要的基层管理人员之一。其工作涉及项目管理的技术、质量、安全和其他管理等内容，他在项目工程部与项目技术部之间起着非常重要的作用。技术员的主要职责如下：

（1）在项目技术负责人的直接领导下开展工作，贯彻安全第一、预防为主的方针，按规定搞好安全防范措施，把安全工作落到实处，做到讲效益必须讲安全，抓生产首先必须抓安全。

（2）认真熟悉施工图纸，编制各项施工组织设计方案和施工安全、质量、技术方案，编制各单项工程进度计划及人力、物力计划和机具、用具、设备计划。

（3）编制、组织职工按期开会学习，合理安排、科学引导、顺利完成本工程的各项施工任务。

（4）协同项目经理认真履行《建设工程施工合同》条款，保证施工顺利进行，维护企业的信誉和经济利益。

（5）编制文明工地实施方案，根据本工程施工现场合理规划布局现场平面图，安排、实施、 创建文明工地。

（6）搞好分项总承包的成本核算（按单项和分部分项）单独及时核算，并将核算结果及时通知承包部的管理人员，以便及时改进施工计划及方案，争创更高效益。

（7）督促施工材料、设备按时进场并处于合格状态，确保工程顺利进行。

（8）合理调配生产要素，严密组织施工，确保工程进度和质量。

（9）组织隐蔽工程验收，参加分部分项工程的质量评定。

（10）参加图纸会审和工程进度计划的编制。

2. 技术员的主要工作内容

技术员的主要工作内容有：对分包单位的放线、标高进行复测；检查分包单位所做工作是否合格；配合项目总工编制施工组织设计、编制专项施工方案（如脚手架工作专项施工方案）；配合资料员进行技术资料的填写和整理；配合安全员进行安全检查等。

技术员是在项目技术负责人的领导下工作。负责整个项目各分部、分项工程的放线、标高控制、复线工作，并做好放线、标高、复线记录；负责对工地的文明施工要求工作的实施、监督、检查；负责施工组织设计和施工方案的编制等工作。技术员的工作内容主要有技术管理工作、安全管理工作和其他管理工作等几项内容。技术管理工作和其他管理工作的主要内容见表 1–3。

表 1–3　　技术管理工作和其他管理工作的主要内容

类别	主 要 内 容
技术管理工作	参与技术基础管理和研发工作
	参加图纸会审和设计交底
	负责机电专业深化设计
	参加编制施工组织设计
	负责编写施工方法
其他管理工作	配合安全员工作
	配合资料员工作
	配合材料员工作
	项目部指定的其他工作
质量管理工作	见施工员质量管理工作的内容
进度管理工作	见施工员质量管理工作的内容
成本管理工作	见施工员质量管理工作的内容

（1）技术管理工作。技术员负责所管分部（子分部）工程的技术管理工作，并在项目总工或项目技术负责人的组织下参与项目的其他技术管理工作。在工作中应贯彻执行国家、地方、企业的有关技术规范（程）和标准，应遵守项目部制定的技术管理制度。

1）参加所管分部（子分部）工程设计图纸会审和设计交底会议，做好记录并办理有关工程洽商。图纸会审的主要内容包括以下几个方面：

① 图纸及其说明是否齐全、清楚、明确。

② 结构、建筑、设备等图纸本身及相互之间是否有错误和矛盾，图纸与说明之间有无矛盾。

③ 有无特殊材料（包括新材料）要求，其品种、规格和数量能否满足要求。

④ 需要采取特殊技术措施时，技术上是否有困难，能否保证安全顺利施工。

⑤ 建筑物与地下构筑物、管线之间有无矛盾。

⑥ 设备的各部位尺寸、轴线位置、标高、预留孔洞及预埋件、大样图及做法说明有无错误，与建（构）筑物是否有矛盾。

⑦ 各专业平面图、系统图与详图是否齐全，技术参数是否齐全等。

2）在图纸会审的基础上进行机电管线综合布置（也称机电专业深化设计）。重点对走廊、吊顶内、管井、专业机房等管线密集部位进行综合排布；确定各种管道的施工顺序；管道支、吊架的位置及做法；有效协调施工工序，以减少返工拆改造成的损失。

3）参加编制施工组织设计。

① 施工组织设计可分为项目施工组织总设计、单位工程施工组织设计。

② 施工组织（总）设计由项目总工审核后，报上级技术管理部门和监理单位审批，审批合格后方可执行。

4）负责编制所管分部（子分部）工程的施工方案。

① 它在内容上是对施工组织设计的细化和具体化，尤其要注重重点分项工程的深化设计。

② 施工方案由项目总工审核，报上级技术管理部门和监理单位审批，审批合格后方可执行。

③ 应及时向现场施工人员进行施工方案交底。

④ 当施工现场有重大变化或设计有重大修改时，应根据需要修改施工方案或制订补充施工方案，并履行上报和审批手续。

（2）安全管理工作。技术员安全管理工作内容如下：

1）及时解决施工作业中的安全技术问题，还要根据施工生产和季节气候变化情况，制定预防性安全措施，防止事故发生。

2）协助施工员向作业人员进行安全技术交底和安全教育活动。

3）按照施工组织设计方案中的安全技术措施，督促检查有关人员贯彻执行情况。

4）制止违章指挥和违章作业的现象，遇有严重险情，有权暂停生产，并立即向上级领导报告解决。

5）切实保证职工在安全的条件下进行施工作业。各种临时施工设施都要符合国家规定的标准，各种安全防护装置都要可靠、有效。

（3）其他管理工作。

1）技术员应配合安全员在所管施工区域执行相关安全规定；对有关人员进行教育；技术员应编制分项工程施工安全技术交底，对施工人员要进行安全交底；施工中要接受监督和管理；特别要做好防火、防盗和保证人身安全的工作。必要时，参与事故调查和分析工作。

2）技术员负责将所管分部（子分部）工程在施工全过程中形成的技术文件和相关管理资料，按项目管理要求整理和填写，及时移交给资料员并接受其指导和监督。在工作中做到工程资料与工程进度同步收集、整理；确保工程资料的真实、有效和完整，不得涂改、伪造和丢失。

主要技术文件和管理资料的主要内容见表1–4。

表1–4　　主要技术文件和管理资料

类别	名　称
工程管理与验收资料	工程概况表
	单位（子单位）工程质量竣工验收记录
	单位（子单位）工程质量控制资料核查记录
	单位（子单位）工程安全和功能检查资料核查及主要功能抽查记录
	单位（子单位）工程观感重量检查记录
	施工总结
	工程竣工报告
施工管理资料	施工现场重量管理检查记录
	施工日志
施工技术资料	施工组织设计及施工方案
	技术交底记录
	图纸会审记录
	设计变更通知
	工程洽商记录
施工物资资料	材料、构配件进场检验记录
	设备开箱检验记录
	设备及管道附件试验记录

续表

类别	名称
施工物资资料	材质证明、合格证及必要的附件（检测报告、认证证书、安装说明书等）
施工记录	隐蔽工程检查记录
	预检记录
	施工检查记录
	交接检查记录
施工试验记录	施工试验记录
	设备单机试运转记录
	系统试运转调试记录
	各分部工程施工验收规范要求的施工记录
施工重量验收记录	检验批重复验收记录
	分项工程质量验收记录
	分部（子分部）工程质量验收记录

3）技术员还应承担项目经理部所安排的其他工作。

第二节 职 场 规 划

一、晋升之路

作为一个建筑行业的菜鸟来说，刚从校园进入企业以后都面临着到基层工地去锻炼的问题，刚开始到工地的时候，可能会对周围的一切事物都感到新鲜与好奇，然而经过一段时间的工作和学习以后，相当一部分人就会感觉比较迷茫。由于企业的工作安排和需要，初入职场的菜鸟可能会被安排担任施工员或技术员。大部分职场菜鸟都会觉得这两个岗位差不多，都是跑现场、交底、管质量、管进度等，其实这两个岗位的工作重点与职业发展方向还是存在很大区别的。所以，作为初入职场的菜鸟来说，一定要结合自身的性格、爱好等因素去对自己未来职场道路进行合理的规划。在企业中，施工员和技术员的工作侧重点是有所不同的，下面我们对施工员和技术员这两个岗位的阶段性职场道路发展进行详细的剖析。

1. 菜鸟施工员的阶段性职场晋升道路（下面做成金字塔的形状，分成三层，如图 1–5 所示）

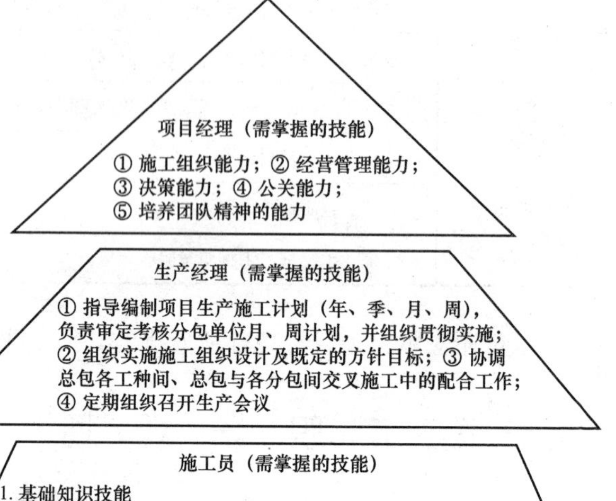

项目经理（需掌握的技能）
① 施工组织能力；② 经营管理能力；
③ 决策能力；④ 公关能力；
⑤ 培养团队精神的能力
生产经理（需掌握的技能）
① 指导编制项目生产施工计划（年、季、月、周），负责审定考核分包单位月、周计划，并组织贯彻实施；
② 组织实施施工组织设计及既定的方针目标；③ 协调总包各工种间、总包与各分包间交叉施工中的配合工作；
④ 定期组织召开生产会议
施工员（需掌握的技能）
1. 基础知识技能
① 建筑识图；② 建筑材料；③ 建筑力学；④ 建筑结构；⑤ 建筑施工组织设计。
2. 专业知识技能
① 建筑施工技术：土石方工程施工技术、起重技术、脚手架搭设技术、地基处理与桩基施工技术、钢筋混凝土施工技术、预应力混凝土施工技术、砌体施工技术、钢结构工业厂房结构安装技术、防水施工技术、装饰装修施工技术、高层建筑施工技术、季节性施工。
② 施工组织与管理：施工工期管理、施工质量管理、施工安全管理、施工组织技术经济分析

图 1–5　菜鸟施工员的阶段性职场晋升道路示意图

2. 菜鸟技术员的阶段性职场晋升道路（下面做成金字塔的形状，分成三层，如图 1-6 所示）

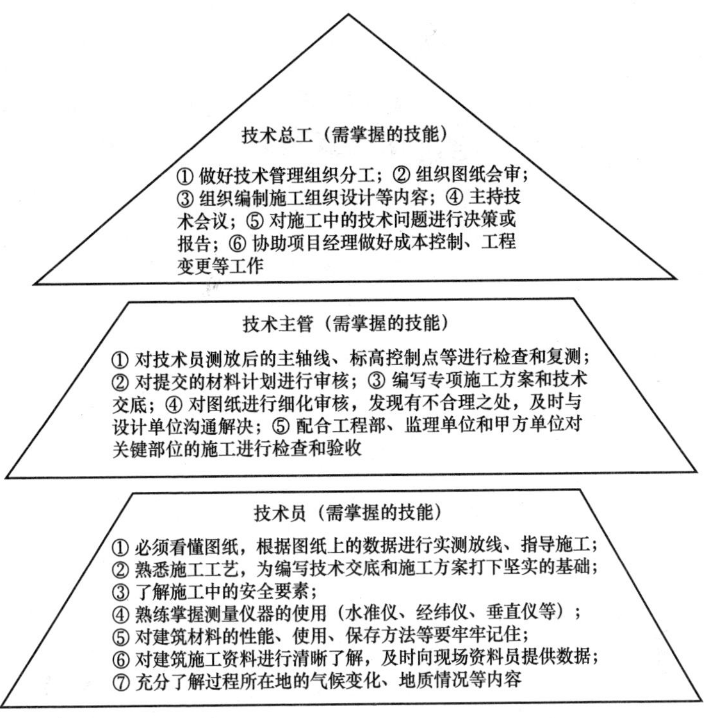

技术总工（需掌握的技能）
① 做好技术管理组织分工；② 组织图纸会审；③ 组织编制施工组织设计等内容；④ 主持技术会议；⑤ 对施工中的技术问题进行决策或报告；⑥ 协助项目经理做好成本控制、工程变更等工作
技术主管（需掌握的技能）
① 对技术员测放后的主轴线、标高控制点等进行检查和复测；② 对提交的材料计划进行审核；③ 编写专项施工方案和技术交底；④ 对图纸进行细化审核，发现有不合理之处，及时与设计单位沟通解决；⑤ 配合工程部、监理单位和甲方单位对关键部位的施工进行检查和验收
技术员（需掌握的技能）
① 必须看懂图纸，根据图纸上的数据进行实测放线、指导施工；
② 熟悉施工工艺，为编写技术交底和施工方案打下坚实的基础；
③ 了解施工中的安全要素；
④ 熟练掌握测量仪器的使用（水准仪、经纬仪、垂直仪等）；
⑤ 对建筑材料的性能、使用、保存方法等要牢牢记住；
⑥ 对建筑施工资料进行清晰了解，及时向现场资料员提供数据；
⑦ 充分了解过程所在地的气候变化、地质情况等内容

图 1-6　菜鸟技术员的阶段性职场晋升道路示意图

3. 施工员与技术员晋升路程比较

施工员在施工现场经过 3～5 年的历练后一般可以晋升为项目部的生产经理，在担任生产经理的期间应尽早地取得执业资格证书，在取得执业资格证书以后经单位认可后可以担任项目经理。技术员在施工现场经过 3～5 年的历练后一般可以晋升为项目部的技术负责人，在担任技术负责人的期间应尽早地取得执业资格证书，在取得执业资格证书以后经单位认可后可以担任项目总工。

施工员和技术员在晋升路程的过程中不仅要提升自身的技术技能，还应有着良好的人际关系。在一个项目中虽然项目经理和项目总工的级别是相等的，但在一些人的眼中，项目经理的权利要比项目总工的权利大一些。让一些人产生这种看法的原因主要是项目经理负责的工作内容是全面的、会与很多个工作部门有接触，而项目总工的主要工作是以技术为主的工作（专业性较强）。

当你来到施工现场以后，经过一段时间对周围环境的了解，应该对自己未来晋升道路有个清晰的认知。在选择职场道路的过程中还应结合自身的性格、特点进行合理的选择，若你的性格比较豪放、善于与他人沟通就比较适合往项目经理的道路上发展；若你的性格比较内向、不善与他人交流、喜欢专注做技术型的工作就比较适合往项目总工的道路上发展。

二、基础准备

1. 技术技能储备

施工员的技术技能储备：对于一个合格的施工员来说首先应掌握每道工序的施工顺序，在此基础上还应对施工工艺的具体做法有着清晰的认知，施工测量技能对于施工员来说虽不需要全面地掌握，但也应该对基本操作熟练地掌握（如标高控制、水平控制、楼层放线），在此基础上还应对施工质量控制、进场材料性能及验收等技能有着良好的把握。

技术员的技术技能储备：对于一个优秀的技术员来说首先应对工程测量技能熟练地掌握，对于施工工艺和施工顺序也应清晰地了解（为编制施工方案和施工技术交底打下良好的基础），对于施工质量控制技能等也应熟记心中。

2. 尽早获得职业资格证书

拥有执业资格证书虽然不一定就能担任项目经理、技术总工等职位，但是没有职业资格证书往往会成为担任这些重要职位的不利因素，因此应该在满足报考条件之后，尽快拿到相关证书。作为一个建筑行业的职场菜鸟要想在职场道路上有更好的发展，一定要重视执业资格证书（一、二建造师）的取得。虽然这些事情对初入职场的菜鸟来说有点遥远，但菜鸟们也要结合自身发展的需要时刻准备着，一、二级建造师的报考条件及相关要求见表1–5。

表 1–5　　一、二级建造师的报考条件及相关要求

一级建造师	
	内　　容
报考条件及相关要求	凡遵守国家法律、法规，具备以下条件之一者，可以申请参加一级建造师执业资格考试： 1. 取得工程类或工程经济类大学专科学历，工作满 6 年，其中从事建设工程项目施工管理工作满 4 年 2. 取得工程类或工程经济类大学本科学历，工作满 4 年，其中从事建设工程项目施工管理工作满 3 年 3. 取得工程类或工程经济类双学士学位或研究生班毕业，工作满 3 年，其中从事建设工程项目施工管理工作满 2 年 4. 取得工程类或工程经济类硕士学位，工作满 2 年，其中从事建设工程项目施工管理工作满 1 年 5. 取得工程类或工程经济类博士学位，从事建设工程项目施工管理工作满 1 年
二级建造师	
	内　　容
报考条件及相关要求	凡遵纪守法，具备工程类或工程经济类中等专科以上学历并从事建设工程项目施工管理工作满 2 年的人员，可报名参加二级建造师执业资格考试

3. 认真对待职称评定

有些刚入行的菜鸟对于职称评定一事从不放在心上，总觉得自己有能力就行，职称可有可无。与职业资格证书一样，你拥有高级职称并不一定能够担任高级职务。但是，在公司选拔人才的时候，职称也是一个重要的基础条件。尤其是在大家各方面都差不多的时候，如果有职称，肯定会对自己的晋升提供一定的砝码。职称的评定一般为：

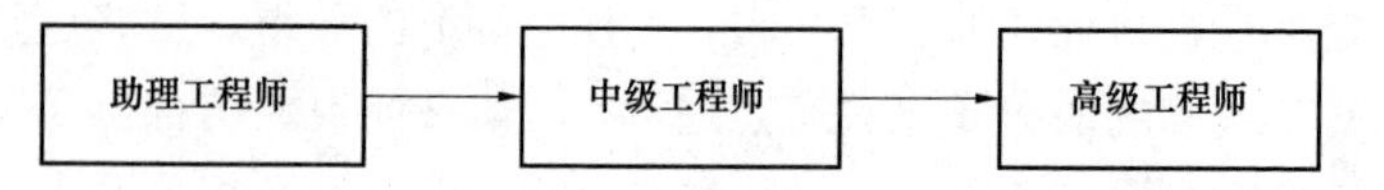

职称评定的条件见表 1–6。

表 1–6　职称评定的条件

名称	条　件
助理工程师（初级职称）	大学本科毕业后从事本工作满一年以上； 大学专科毕业后从事本专业工作满两年以上
中级工程师（中级职称）	大学本科毕业，从事专业技术工作五年以上； 大学专科毕业，从事专业技术工作六年以上
高级工程师（高级职称）	大学本科毕业后，取得中级职务任职资格，并从事中级职务工作 5 年以上 参加工作后取得本专业或相近专业的大学本科学历，从事本专业技术工作 10 年以上，取得中级职务任职资格 5 年以上

三、良好的人际关系助力职场晋升

对于绝大多数职场人来说，日常与同事相处的时间最为漫长，因此，同事关系融洽与否，是衡量职场幸福指数的重要指标。如何处理好与同事及领导之间的关系，树立正确的交往心态，是每位职场新人的必修课。

1. 态度积极，谦虚好学

作为一个职场新人来说，刚刚来到自己的工作岗位的时候，往往会对周围的一切事物感到十分的好奇。由于现在的职场新人一般都是科班出身（或研究生），当他们来到工作岗位以后、经过一段时间的了解会发现周围的很多同事或直接领导的学历都不如自己，有些职场新人可能心里会有一些小骄傲、小满足，觉得那些老员工的能力不如自己。一些职场新人刚来到工作岗位的时候，可能会被安排做一些办公室的琐碎小事（如打扫办公室的卫生、更换桶装水），一些职场新人面对这种事情的时候，往往会随着对职场新鲜感的消失而选择抗拒、不服从领导的安排，这样会给人们留下不好的印象。

经验指导：作为一个职场新人来说，无论你之前的学历多么高、能力多么出众，当你来到一个全新的工作环境中时，你要学会“忘记原来的自己，打造全新的自我”。在建筑行业中，任何人都会是你的老师，不要拿自身的在校经历当资本，因为在这里你就是一个“0”，刚刚进入建筑行业的你千万别看不起你周围的那些“老师傅”，如：当你来到工地时，你可能都不懂得钢筋是如何加工、安装的，然而这些内容对于那些“老师傅”来说，真的是轻车熟路了，他们可能看一遍图纸，就会在他们的脑海中出现整个楼层所用钢筋的大概数量。

所以，初入职场的你对待任何事情都要有着积极的态度，不要眼高手低，要做到谦虚好学，这样你就会慢慢地给周围的人留下良好的印象，他们对于你提出的问题也会认真地帮你解答，这有利于工作经验的积累。

2. 与人交谈、注意技巧

无论是在生活还是工作中，与人交谈是避免不了的一件事情。然而，有些人说话会让人心中为之一暖、有些人说话却让人十分反感，这就要求我们在与他人交谈时，要注意说话的技巧。在建筑行业中的菜鸟们一定会面临这样一个问题：当面对那些岁数较大的同事或稍比自己大一些的同事，却不知该如何称呼，其实在建筑行业中人们都是有职称的，可以直接叫他们的职称（如可以称呼为刘工、王工等）。在工作时，如果和周围的同事不熟悉的情况下，不要直接询问其家事（如老家在哪里、家里有几口人等），时间长了，如果你的同事觉得和你关系到了一定的地步，他也会向你提及的；反之，在你和同事不熟悉的情况下就问东问西的，会让人觉得你很冒失。

经验指导：在与人交谈时，一定要注意说话的技巧，和人交谈要首先观察他人的心情如何，如果同事的心情比较好，你可以和他开一些小玩笑，问问什么事情如此的高兴；相反，在同事心情不好的时候，你就应该注意你说话的态度和语气，用一种关心的语气与同事交谈。如果能够快速地掌握与他们说话的技巧，必定会对你今后工作的开展有着极大的帮助。

3. 少发意见，多学本领

当你在建筑行业工作一段时间以后，你会慢慢地发现一个规律，这个行业的人大部分都是“急性子、大嗓门”。其实，这也是受工作环境所限制的原因吧，当你周围的同事因为工作中的一些工作意见在争吵的时候，你不要对他们任意一方的观点发表态度，你只需默默地劝解即可。因为你一旦发表了自己的观点以后，无论你说得对与否，都会让一方感到反感。

经验指导：在同事所说的事情意见不统一的时候，你不要轻易地发表自己的意见，默默地聆听即可，保持着一个“中庸”的态度，因为初入职场的你还没有能力去评价一个意见的对与否，虽然不发表意见，但是也应对双方的意见进行分析，总结出哪些东西是值得自己去学习和注意的，这样不仅会给同事留下一个好的印象，还有利于你快速地吸取经验和弥补不足，不断提升自身的本领和技能。

4. 接受建议，良好定位

当你在建筑行业工作一段时间以后，可能会因为一些工作或生活等方面的事情而受到领导的批评和建议。在你的直接或有关领导对你进行批评或建议的时候，切记不要直接顶撞领导，一定要保持着虚心接受的态度，若并非你自身的原因，可事后再与领导进行沟通；相反，若直接顶撞领导或对领导的建议置之不理，就会给领导留下“不服从管理”的印象。在工作一段时间以后，一定要对自身有着良好的定位，明确自己现在的不足，日后有哪些需要弥补的地方。

经验指导：当有人对你提出批评和建议的时候，一定要先从自身找原因，找出问题的关键所在，以后不断地弥补和改进，不要对于他人的批评和建议置之不理，这样会给人一种“好赖不知”的感觉。对于那些性格较为内向的菜鸟来说，不要因为受到了领导的批评以后就做事缩手缩脚，一定要在不断提升自我的同时勇敢地迈步，给人以一种“后生可畏”的感觉。

四、不得不说的那些行业“潜规则”

1. 不懂得“研究”的人无法在建筑行业立足

由于建筑行业的枯燥性，使得从事建筑行业的人们往往都会自娱自乐。刚入建筑行业的菜鸟常常会听到周围的同事或领导与他人开玩笑说，这个事情咱们“研究”一下就有的商量，其实这里的“研”指的是“烟”，“究”指的是“酒”，也有的老人对新来的菜鸟们说，如果在这个行业你不懂得“研究”将无法立足的。

菜鸟们在学校的时候常常听那些从工地回来的师哥们常说一定要学会抽烟、喝酒，否则以后会没有发展前途的。所以一些同学在毕业之前拼命地学抽烟喝酒。而有些很讨厌抽烟喝酒的人，纠结于要不要学会抽烟喝酒。有的甚至因为自己不会抽烟喝酒而转行。

抽烟喝酒是中国特有的一种交流手段。的确，有些酒桌上喝酒厉害的人，会受到领导的一些重视。有时，在酒桌上也能认识不少朋友。但是，你不会喝酒，你可以通过请朋友健身、打球或者下棋等其他交际手段，而不一定非得请吃饭喝酒。还有在单位喝酒厉害的人，也只不过在酒桌上和领导接触的时间多一些，看似机会可能多一些。但是不会抽烟、喝酒的人，也不见得一直不被领导赏识。

对于上面那些会抽烟、喝酒的人，可能融入周围的环境会快一些，但是那些不会抽烟、喝酒的人，可以通过其他的方式与他人交往，最后得到他人的认可。随着时间慢慢地过去，你会发现只有自身技术过硬的人才能得到更好、更快的发展。

经验指导：如果你有酒量、会抽烟，自然是好事，可以在酒桌上左右逢源，会多一些机会得到领导的赏识。但是不会喝酒和抽烟的人，也不要着急、不要勉强自己，毕竟现在有过硬的技术才是王道，有了过硬的技术同样会有很多机会得到领导的赏识。

2. 只有研究生或者有关系的人才可以进入设计院

一些同学只要一提到“设计院”这个词的时候，心中立马就会感觉十分的“高大上”，和自己没有任何的关系，认为只有那些研究生以上学历或者家庭有背景、有关系的人才能够进得去。

但是上面的这种观点是有些片面的，有关系的和研究生以上学历的人进设计院是比较容易的，这只是个充分条件，却不是必要条件。不见得你不是研究生，你家没有关系，就进不了设计院。

经验指导；现在的一些设计院随着任务量的不断增加，人手也会出现不足的现象，所以也会通过各种渠道招聘一些新人，这些新人到公司以后往往会由老员工带领着工作。只要你肯努力，随着时间的推移，你也会从一个职场新人成为职场精英的。不要被自己的学历所束缚（这些都是可以以后改变的），不要抱怨自己的家庭没有背景等客观条件，要对自己充满信心，一旦遇到机会不要退缩，一定要勇敢地尝试，要永远记住机会只垂青于那些有准备的人。

3. 如何面对建筑行业的灰色收入

由于建筑行业的建设周期长、资金投资大、需要多家单位协作完成等特点，这就必将牵扯到相互之间的利益。一些单位或个人在为了能够获得自己最大利益的同时，时常会使用一些手段。

当一个菜鸟工作一段时间以后，往往会被安排负责具体的一些事务，比如你是做土建施工员的，在挖土方过程中就会有一些人给你送一些物品或者金钱，条件就是让你给他多记几个台班或工程量；若是你做的是造价员，同样会面临这一问题，在结算的时候让你给多算一些工程量。

然而，对于那些刚刚步入职场的菜鸟来说，这个问题将会使他们左右为难。

经验指导：对于上面所提出的问题，将会是职场菜鸟所要面对的一个难题，有时他们将无法应对。菜鸟们刚刚步入职场以后，最好还是不要接受他人所授予的物品，毕竟一开始工作还是要以学习本领为目的，但是为了以后还能更好地协作，要学会婉转地拒绝他人，可以告诉他人这个事情不在你的权力范围之内（让其直接找你的领导），或告诉其你一定会在公司的规章制度下给予其帮助的，菜鸟们在经过不断地提升自身的实力以后，待遇方面也会有所提高的。

第二章

建筑工程的划分及各分部工程施工要求

第一节　建筑工程的划分

一、建设项目

建设项目是指具有一个设计任务书和总体设计，经济上实行独立核算，管理上具有独立组织形式的工程建设项目。一个建设项目往往由一个或几个单项工程组成。

二、单项工程

单项工程是指在一个建设项目中具有独立的设计文件，建成后能够独立发挥生产能力或工程效益的工程。它是工程建设项目的组成部分，应单独编制工程概预算。

三、单位工程

具备独立施工条件并能形成独立使用功能的建筑物和构筑物为一个单位工程。通常，将结构独立的主体建筑、室外建筑环境和室外安装称为单位工程。

四、分项工程

对于分部（子分部）工程应按主要工种、材料施工工艺、设备类别等划分为若干个分项工程。

五、分部工程

对于单位（子单位）工程按建筑部位或专业性质划分为若干个分部工程。建筑工程通常划分为地基与基础、主体结构、建筑装饰装修、建筑屋面、建筑给水排水及采暖、建筑电气、智能建筑、通风与空调、电梯 9 个分部工程。

第二节　各分部工程施工要求

一、地基与基础工程施工要求

1. 土方工程

（1）土方开挖的顺序、方法必须与设计工况相一致，并遵循“开槽支撑，先撑后挖，分层开挖，严禁超挖”的原则［《建筑地基基础工程施工质量验收规范》(GB 50202—2002)］。基坑（槽）、管沟挖土要分层进行，分层厚度应根据工程具体情况（包括土质、环境等）决定，开挖本身是一种卸荷过程，防止局部区域挖土过深、卸载过速，引起土体失稳，降低土体抗剪性能，同时在施工中应不损伤支护结构，以保证基坑的安全。

（2）土石方工程应编制专项施工安全方案，并应严格按照方案实施［《建筑施工土石方工程安全技术规范》(JGJ 180—2009)］。土石方工程在施工中易发生安全事故，为了对安全风险进行预控，规定需要事先编制专项施工安全方案，必要时由专家进行论证。施工中要切实遵守。

（3）施工现场发现危及人身安全和公共安全的隐患时，必须立即停止作业，排除隐患后方可恢复施工［《建筑施工土石方工程安全技术规范》（JGJ 180—2009）]。施工中发现安全隐患时，要及时整改。当发现有危及人身安全和公共安全的隐患时，要立即停止作业，以避免事故的发生；在采取措施排除隐患后，才能恢复施工。应防止出现冒险蛮干的现象。

2. 边坡、基坑支护

（1）基坑（槽）、管沟土方工程验收必须确保支护结构安全和周围环境安全为前提。当设计有指标时，以设计要求为依据，如无设计指标时，应按表 2–1 的规定执行 [《建筑地基基础工程施工质量验收规范》（GB 50202—2002）]。

表 2–1　　基坑变形的监控值　　（cm）

基坑类别	围护结构墙顶位移	围护结构墙体最大位移	地面最大沉降
一级	3	5	3
二级	6	8	6
三级	8	10	10

注：1. 符合下列情况之一，为一级基坑：

（1）重要工程或支护结构做主体结构的一部分。

（2）开挖深度大于 10m。

（3）与临近建筑物，重要设施的距离在开挖深度以内的基坑。

（4）基坑范围内有历史文物、近代优秀建筑、重要管线等需严加保护的基坑。

2. 三级基坑为开挖深度小于 7m，且周围环境无特别要求时的基坑。

3. 除一级和三级外的基坑属二级基坑。

4. 当周围已有的设施有特殊要求时，尚应符合这些要求。

（2）基坑支护结构必须在达到设计要求的强度后，方可开挖下层土方，严禁提前开挖和超挖。施工过程中，严禁设备和重物碰撞支撑、腰梁、锚杆等基坑支护结构，也不得在支护结构上放置或悬挂重物 [《建筑施工土石方工程安全技术规范》（JGJ 180—2009）]。

基坑开挖时支护结构需要达到一定的强度，否则将造成支护结构因强度不足而破坏。但基坑支护结构的设计一般按开挖到坑底后的极限状态设计，而开挖时一般均分数层开挖，此时支护结构达不到极限状态。支护结构设计者要针对这种情况，设计每一层土方开挖时支护结构应达到的强度，当结构强度达到该强度时，方可开挖下层土方。“严禁超挖”，一是指基坑开挖总深度不得超过设计深度，二是指每层开挖深度不得超过设计允许的深度。对支护结构的碰撞常会引起支护体系局部或整体失稳；在支护结构上放置或悬挂重物，除会引起支护结构破坏外，还易发生坠落伤人事故，故需要严格禁止。

3. 地基处理

（1）对灰土地基、砂和砂石地基、土工合成材料地基、粉煤灰地基、强夯地基、注浆地基、预压地基，其竣工后的结果（地基强度或承载力）必须达到设计要求的标准。检验数量，每单位工程不应少于 3 点，1000m^2 以上工程，每 100m^2 应至少有 1 点；3000m^2 以上工程，每 300m^2 至少有 1 点。每一独立基础下至少应有 1 点，基槽每 20 延米应有 1 点 [《建筑地基基础工程施工质量验收规范》（GB 50202—2002）]。

这里所列的地基均不是复合地基，由于各地各设计单位的习惯、经验等，对地基处理后的质量检验指标均不一样，有的用标贯、静力触探，有的用十字板剪切强度等，有的还用承载力检验。对此，这里用何种指标不予规定，按设计要求而定。地基处理的质量好坏，最终体现在这些指标中。为此，这个要求为强制性要求。各种指标的检验方法可按国家现行行业标准《建筑地基处理技术规范》（JGJ 79—2012）的规定执行。

（2）处理后的地基应满足建筑物地基承载力、变形和稳定性要求，地基处理的设计尚应符合下列规定 [《建筑地基处理技术规范》（JGJ 79—2012）]。

1）经处理后的地基，当在受力层范围内仍存在软弱下卧层时，应进行软弱下卧层地基承载力验算。

2）按地基变形设计或应作变形验算且需进行地基处理的建

筑物或构筑物，应对处理后的地基进行变形验算。

3）对建造在处理后的地基上受较大水平荷载或位于斜坡上的建筑物及构筑物，应进行地基稳定性验算。

对处理后的地基应进行的设计计算内容给出如下规定：

处理地基的软弱下卧层验算，对压实、夯实、注浆加固地基及散体材料增强体复合地基等应按压力扩散角，按现行国家标准《建筑地基基础设计规范》（GB 50007）的方法验算，对有黏结强度的增强体复合地基，按其荷载传递特性，可按实体深基础法验算。

4. 桩基础

打（压）入桩（预制混凝土方桩、先张法预应力管桩、钢桩）的桩位偏差，必须符合表 2–2 的规定。斜桩倾斜度的偏差不得大于倾斜角正切值的 15%（倾斜角系桩的纵向中心线与铅垂线间夹角）[《建筑地基基础工程施工质量验收规范》（GB 50202—2002）]。

表 2–2　　预制桩（钢桩）桩位的允许偏差

项	项　目	允许偏差/mm
1	盖有基础梁的桩： （1）垂直基础梁的中心线 （2）沿基础梁的中心线	100+0.01H 150+0.01H
2	桩数为 1～3 根桩基中的桩	100
3	桩数为 4～16 根桩基中的桩	1/2 桩径或边长
4	桩数大于 16 根桩基中的桩： （1）最外边的桩 （2）中间桩	1/3 桩径或边长 1/2 桩径或边长

注：H 为施工现场地面标高与桩顶设计标高的距离。

表 2–2 中的数值未计及由于降水和基坑开挖等造成的位移，但由于打桩顺序不当，造成挤土而影响已入土桩的位移，是包括在表列数值中。为此，必须在施工中考虑合适的顺序及打桩速率。

布桩密集的基础工程应有必要的措施来减少沉桩的挤土影响。

灌注桩的桩位偏差必须符合表 2–3 的规定，桩顶标高至少要比设计标高高出 0.5m，桩底清孔质量按不同的成桩工艺有不同的要求，应按本章的各节要求执行。每浇筑 50m^3 必须有 1 组试件，小于 50m^3 的桩，每根桩必须有 1 组试件。

表 2–3　　　灌注桩的平面位置和垂直度的允许偏差

<table>
<tr><th rowspan="2">序号</th><th rowspan="2" colspan="2">成孔方法</th><th rowspan="2">桩径允许偏差/mm</th><th rowspan="2">垂直度允许偏差（%）</th><th colspan="2">桩位允许偏差/mm</th></tr>
<tr><th>1～3 根、单排桩基垂直于中心线方向和群桩基础的边桩</th><th>条形桩基沿中心线方向和群桩基础的中间桩</th></tr>
<tr><td rowspan="2">1</td><td rowspan="2">泥浆护壁钻孔桩</td><td>D≤1000mm</td><td>±50</td><td rowspan="2"><1</td><td>D/6，且不大于 100</td><td>D/4，且不大于 150</td></tr>
<tr><td>D>1000mm</td><td>±50</td><td>100+0.01H</td><td>150+0.01H</td></tr>
<tr><td rowspan="2">2</td><td rowspan="2">套管成孔灌注桩</td><td>D≤500mm</td><td rowspan="2">–20</td><td rowspan="2"><1</td><td>70</td><td>150</td></tr>
<tr><td>D>500mm</td><td>100</td><td>150</td></tr>
<tr><td>3</td><td colspan="2">千成孔灌注桩</td><td>–20</td><td><1</td><td>70</td><td>150</td></tr>
<tr><td rowspan="2">4</td><td rowspan="2">人工挖孔桩</td><td>混凝土护壁</td><td>+50</td><td><0.5</td><td>50</td><td>150</td></tr>
<tr><td>钢套管护壁</td><td>+50</td><td><1</td><td>100</td><td>200</td></tr>
</table>

注：1. 桩径允许偏差的负值是指个别断面。
2. 采用复打、反插法施工的桩，其桩径允许偏差不受上表限制。
3. *H* 为施工现场地面标高与桩顶设计标高的距离，*D* 为设计桩径。

二、混凝土结构工程施工要求

1. 模板工程

模板及支架应根据施工过程中的各种工况进行设计，应具有足够的承载力和刚度，并应保证其整体稳固性［《混凝土结构工程施工规范》（GB 50666—2011）］。

模板及支架是施工过程中的临时结构，应根据结构形式、荷载大小等结合施工过程的安装、使用和拆除等主要工况进行设计，保证其安全可靠，具有足够的承载力和刚度，并保证其整体稳固性。根据现行国家标准《工程结构可靠性设计统一标准》（GB 50153—2008）的有关规定，本规范中的“模板及支架的整体稳固性”是指在遭遇不利施工荷载工况时，不因构造不合理或局部支撑杆件缺失造成整体性坍塌。模板及支架设计时应考虑模板及支架自重、新浇筑混凝土自重、钢筋自重、新浇筑混凝土对模板侧面的压力、施工人员及施工设备荷载、混凝土下料产生的水平荷载、泵送混凝土或不均匀堆载等因素产生的附加水平荷载、风荷载等。这个要求直接影响模板及支架的安全，并与混凝土结构施工质量密切相关，所以为强制性要求，应严格执行。

2. 钢筋工程

对有抗震设防要求的结构，其纵向受力钢筋的性能应满足设计要求；当设计无具体要求时，对按一、二、三级抗震等级设计的框架和斜撑构件（含梯段）中的纵向受力钢筋应采用HRB335E、HRB400E、HRB500E、HRBF335E、HRBF400E 或 HRBF500E 钢筋，其强度和最大力下总伸长率的实测值应符合下列规定［《混凝土结构工程施工规范》（GB 50666—2011）］:

（1）钢筋的抗拉强度实测值与屈服强度实测值的比值不应小于 1.25。

（2）钢筋的屈服强度实测值与屈服强度标准值的比值不应大于 1.30。

（3）钢筋的最大力下总伸长率不应小于 9%。

3. 混凝土工程

未经处理的海水严禁用于钢筋混凝土和预应力混凝土［《混凝土用水标准》（JGJ 63—2006）］。

未经处理的海水不能满足混凝土用水的技术要求。海水中含盐量较高，可超过 30 000mg/L，尤其是氯离子含量高，可超过 15 000mg/L。高氯离子含量会影响混凝土性能，尤其会影响混凝土耐久性，例如，高氯离子含量会导致混凝土中钢筋锈蚀，使结构破坏。因此，海水严禁用于钢筋混凝土和预应力混凝土。

三、砌体结构施工要求

1. 砌筑砂浆

（1）水泥使用应符合下列规定［《砌体结构工程施工质量验收规范》（GB 50203—2011）］。

1）水泥进场时应对其品种、等级、包装或散装仓号、出厂日期等进行检查，并应对其强度、安定性进行复验，其质量必须符合现行国家标准《通用硅酸盐水泥》（GB 175—2007）的有关规定。

2）在使用中对水泥质量有怀疑或水泥出厂超过三个月（快硬硅酸盐水泥超过一个月）时，应复查试验，并按复验结果使用。

水泥的强度及安定性是判定水泥质量是否合格的两项主要技术指标，因此在水泥使用前应进行复验。

由于各种水泥成分不一，当不同水泥混合使用后有可能发生材性变化或强度降低现象，引起工程质量问题。

（2）砌体或混凝土构件外加钢筋网采用普通砂浆或复合砂浆面层时，其强度等级必须符合设计要求。用于检查砂浆强度的试块，应按本规范第 12.4.1 条的规定进行取样和留置，并应按该条规定的检查数量及检验方法执行［《建筑结构加固工程施工质量验收规范》（GB 50550—2010）］。

承重构件外加面层的砂浆，虽可采用人工抹灰或喷射方法施工，但不论采用哪种方法施工，其砂浆强度的检验结果均应符合本规范及设计的要求，否则将很难保证黏结的质量。

2. 砖砌体工程

砖和砂浆的强度等级必须符合设计要求［《砌体结构工程施工质量验收规范》（GB 50203—2011）］。

在正常施工条件下，砖砌体的强度取决于砖和砂浆的强度等级，为保证结构的受力性能和使用安全，砖和砂浆的强度等级必须符合设计要求。

烧结普通砖、混凝土实心砖检验批的数量，是参考砌体检验批划分的基本数量（250m^{3}砌体）确定；烧结多孔砖、混凝土多孔砖、蒸压灰砂砖及蒸压粉煤灰砖检验批数量是根据产品的特点并参考产品标准作了适当调整。

3. 混凝土小型空心砌块砌体工程

（1）小砌块应将生产时的底面朝上反砌于墙上 [《砌体结构工程施工质量验收规范》（GB 50203—2011）]。确保小砌块砌体的砌筑质量，可简单归纳为六个字：对孔、错缝、反砌。所谓对孔，即在保证上下皮小砌块搭砌要求的前提下，使上皮小砌块的孔洞尽量对准下皮小砌块的孔洞，使上、下皮小砌块的壁、肋可较好地传递竖向荷载，保证砌体的整体性及强度；所谓错缝，即上、下皮小砌块错开砌筑（搭砌），以增强砌体的整体性，这属于砌筑工艺的基本要求；所谓反砌，即小砌块生产时的底面朝上砌筑于墙体上，易于铺放砂浆和保证水平灰缝砂浆的饱满度，这也是确定砌体强度指标的试件的基本砌法。

（2）小砌块和芯柱混凝土、砌筑砂浆的强度等级必须符合设计要求。正常施工条件下，小砌块砌体的强度取决于小砌块和砌筑砂浆的强度等级；芯柱混凝土强度等级也是砌体力学性能能否满足要求最基本的条件。因此，为保证结构的受力性能和使用安全，小砌块和芯柱混凝土、砌筑砂浆的强度等级必须符合设计要求。

（3）墙体转角处和纵横交接处应同时砌筑。临时间断处应砌成斜槎，斜槎水平投影长度不应小于斜槎高度。施工洞口可预留直槎，但在洞口砌筑和补砌时，应在直槎上下搭砌的小砌块孔洞内用强度等级不低于 C20（或 Cb20）的混凝土灌实。

4. 配筋砌体工程

（1）钢筋的品种、规格、数量和设置部位应符合设计要求[《砌体结构工程施工质量验收规范》（GB 50203—2011）]。配筋砌体中的钢筋品种、规格、数量和混凝土、砂浆的强度直接影响砌体的结构性能，因此应符合设计要求。

（2）构造柱、芯柱、组合砌体构件、配筋砌体剪力墙构件的混凝土及砂浆的强度等级应符合设计要求。配筋砌体中的钢筋品种、规格、数量和混凝土、砂浆的强度直接影响砌体的结构性能，因此应符合设计要求。

第三章

建筑工程图识读必备技能

第一节　工程中常用的投影法

一、正投影图

正投影图是指由物体在两个互相垂直的投影面上的正投影，或在两个以上的投影面（其中相邻的两投影面互相垂直）上的正投影所组成。多面正投影是土木建筑工程中最主要的图样，如图 3–1 所示。然后，将这些带有形体投影图的投影面展开在一个平面上，从而得到形体投影图，如图 3–2 所示。

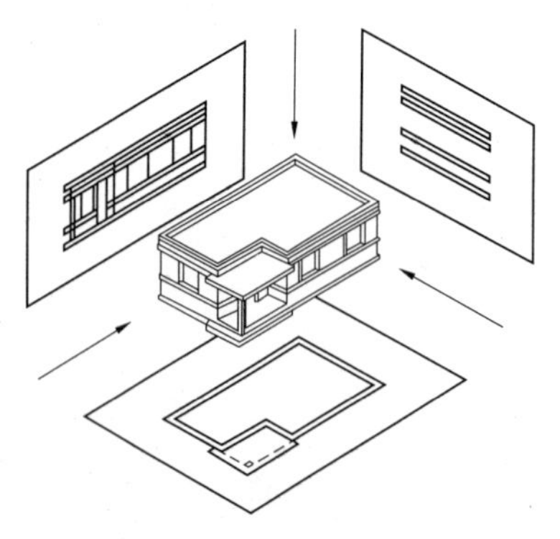

图 3–1　正投影图的形成

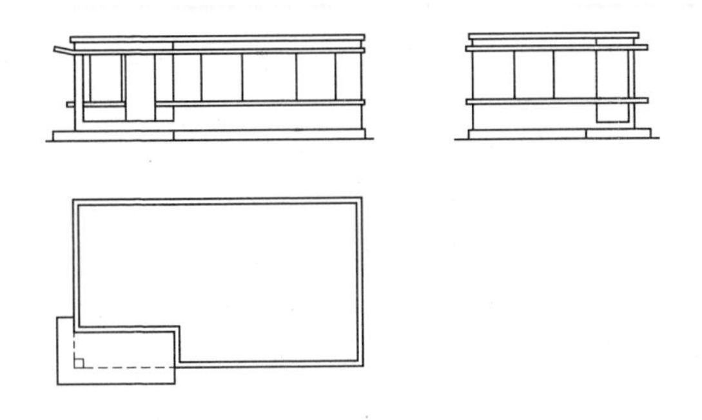

图 3–2　正投影图

正投影图的优点：能够反映物体的真实形状和大小，便于度量、绘制简单，符合设计、施工和生产的需要。

二、轴测投影图

轴测投影图是将物体连同其直角坐标体系，沿不平行于任一坐标平面的方向，用平行投影法将其投射在单一投影面上所得的图形，可以是正投影，也可以是斜投影，通常省略不画坐标轴的投影，如图 3–3（a）所示。

轴测投影图有较强的立体感，在土木工程中常用来绘制给水排水、采暖通风和空气调节等方面的管道系统图。

轴测投影图能够在一个投影面上同时反映出物体的长、宽、高三个方向的结构和形状，而且物体的三个轴向（左右、前后、上下）在轴测图中都具有规律性，可以进行计算和量度。但是作图较繁，表面形状在图中往往失真，只能作为工程上的辅助性图样，以弥补正投影图的不足，如图 3–3（b）所示。

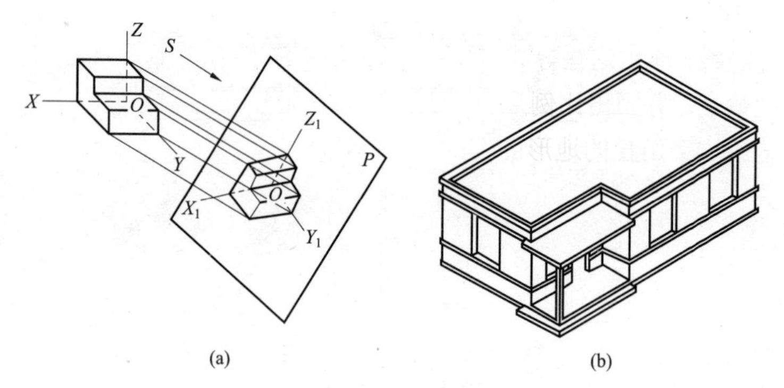

图 3–3　房屋轴测图

（a）轴测投影的形成；（b）房屋轴测图

轴测投影图的特点：能够在一个投影面上同时反映出形体的长、宽、高三个方向的结构和形状。

三、透视投影图

透视投影图是用中心投影法将物体投射在单一投影面上所得的图形。

透视投影图有很强的立体感，形象逼真，如拍摄的照片。照相机在不同的地点、以不同的方向拍摄，会得到不同的照片，以及在不同的地点、以不同的方向视物，会得到不同的视觉形象。透视投影图作图复杂，形体的尺寸不能直接在图中度量，故不能作为施工依据，仅用于建筑设计方案的比较以及工艺美术和宣传广告画等场合。

四、标高投影图

标高投影图是在物体的水平投影上加注某些特征面、线以及控制点的高度数值的单面正投影。如图 3–4 所示，假设平坦的地面是高度为零的水平基准面 H，将 H 面作为投影面，它与山丘交得一条交线，也就是高程标记为零的等高线；再以高于水平基准面 10m、20m 的水平面与山丘相交，交得高程标记为 10、20 的等高线；作出这些等高线在水平基准面 H 上的正投影，标注出高程数字，并画出比例尺或标注出比例，就得到了用标高投影图表达的这个山丘的地形图。

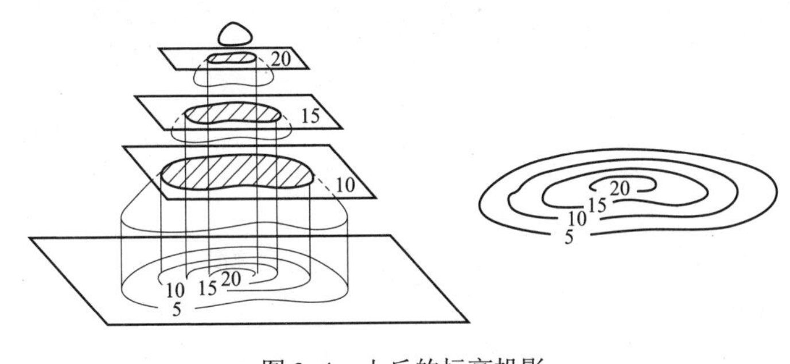

图 3–4　山丘的标高投影

第二节　工程中常用的剖面图和断面图

一、剖面图

假想用一个剖切平面将物体切开，移去观看者与剖切平面之间的部分，将剩余部分向投影面作投影，所得投影图称为剖面图，简称为剖面。

1. 剖面图的形成

为了表达工程形体内孔和槽的形状，假想用一个平面沿工程形体的对称面将其剖开，这个平面为剖切面。将处于观察者与剖切面之间的部分形体移去，而将余下的这部分形体向投影面投射，所得的图形称为剖面图。剖切面与物体的接触部分称为剖面区域，如图 3–5 所示。

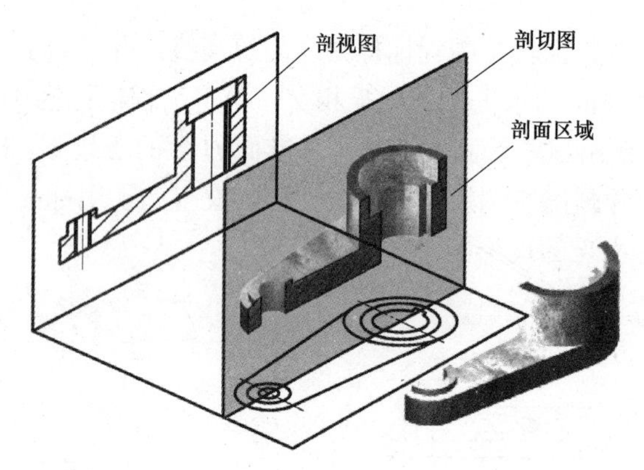

图 3–5　剖视的概念

综上所述，“剖视”的概念，可以归纳为以下三个字：

（1）“剖”——假想用剖切面剖开物体。

（2）“移”——将处于观察者与剖切面之间的部分移去。

（3）“视”——将其余部分向投影面投射。

2. 全剖面图

假想用一个剖切平面把形体整个剖开后所画出的剖面图，叫作全剖面图。

不对称的建筑形体，或虽然对称但外形比较简单，或在另一个投影中已将它的外形表达清楚时，可假想用一个剖切平面将物体全部剖开，然后画出形体的剖面图，这种剖面图称为全剖面图。如图 3–6 所示的房屋，为了表示它的内部布置，假想用一水平的剖切平面，通过门、窗洞将整幢房子剖开，然后画出其整体的剖面图。这种水平剖切的剖面图，在房屋建筑图中，称为平面图。

3. 阶梯剖面图

当形体上有较多的孔、槽，且不在同一层次上时，可用两个或两个以上平行的剖切平面通过各孔、槽轴线把物体剖开，所得剖面称为阶梯剖面。

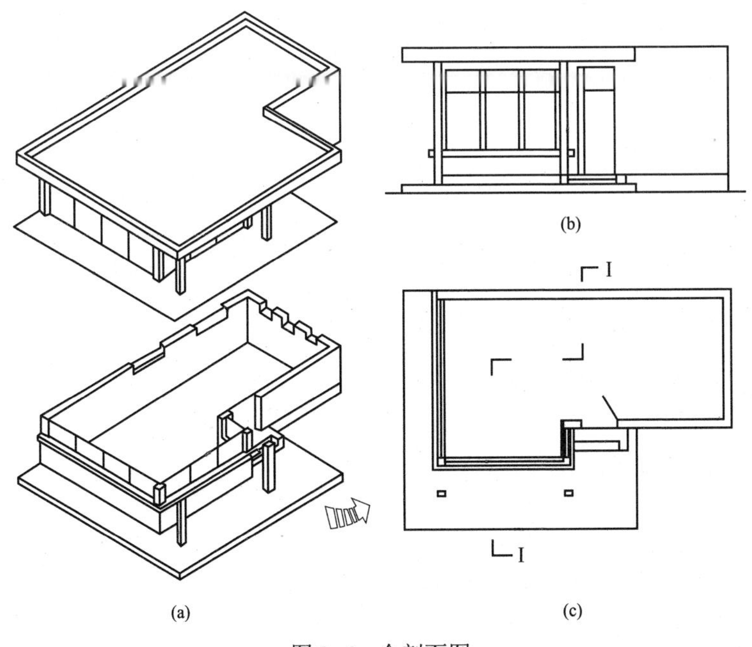

图 3–6　全剖面图

（a）水平全剖面；（b）立面图；（c）平面图

如图 3–7 所示的房屋，如果只用一个平行于 W 面的剖切平面，就不能同时剖开前墙的窗和后墙的窗，这时可将剖切平面转折一次，即用一个剖切平面剖开前墙的窗，另一个与其平行的平面剖开后墙的窗，这样就满足了要求。阶梯形剖切平面的转折处，在剖面图上规定不画分界线。

4. 局部剖面图

当建筑形体的外形比较复杂，完全剖开后就无法表示清楚它的外形时，可以保留原投影图的大部分，而只将局部地方画成剖面图。在不影响外形表达的情况下，将杯形基础水平投影的一个角落画成剖面图，表示基础内部钢筋的配置情况，这种剖面图称为局部剖面图。按国家标准规定，投影图与局部剖面图之间，要用徒手画的波浪线分界。

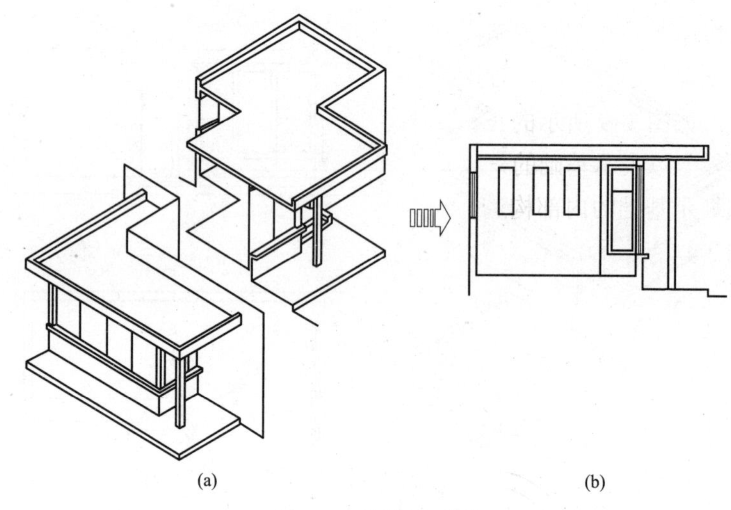

图 3–7　阶梯剖面图

（a）阶梯剖面；（b）剖面图

图 3–8 所示为杯形基础的局部剖面图。图 3–8 所示基础的正面投影已被剖面图所代替。图上已画出了钢筋的配置情况，在断面上便不再画钢筋混凝土的图例符号。

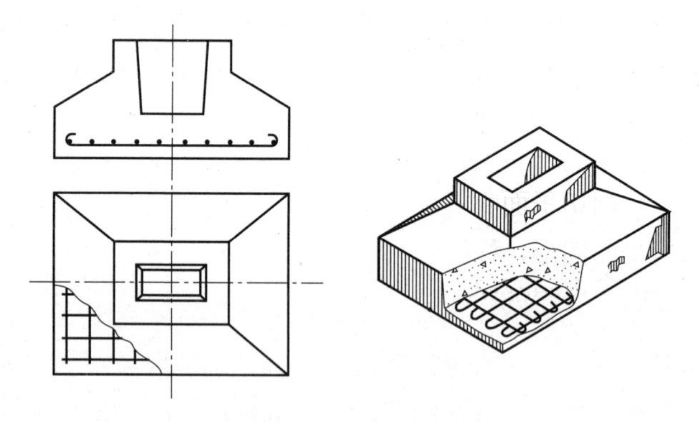

图 3–8　局部剖面图

5. 半剖面图

当建筑形体是左右对称或前后对称，而外形又比较复杂时，可以画出由半个外形正投影图和半个剖面图拼成的图形，以同时表示形体的外形和内部构造，这种剖面称为半剖面。

如图 3–9 所示的正锥壳基础，可画出半个正面投影和半个侧面投影以表示基础的外形和相贯线，另外各配上半个相应的剖面图表示基础的内部构造。半剖面相当于剖去形体的 1/4，将剩余的 3/4 做剖面。

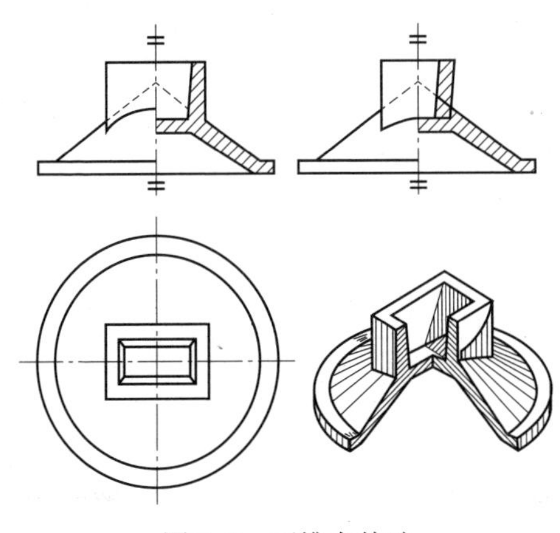

图 3–9　正锥壳基础

二、断面图

1. 断面图的画法

用一个剖切平面将形体剖开之后，形体上的截口，即截交线所围成的平面图形，称为断面。如果只把这个断面投射到与它平行的投影面上所得的投影，表示出断面的实形，称为断面图。

与剖面图一样，断面图也是用来表示形体内部形状的。剖面图与断面图的区别如图 3–10 所示，其具体内容主要有以下几点。

（1）断面图只画出形体被剖开后断面的投影，如图 3–11（a）所示；而剖面图要画出形体被剖开后整个余下部分的投影，如图 3–11（b）所示。

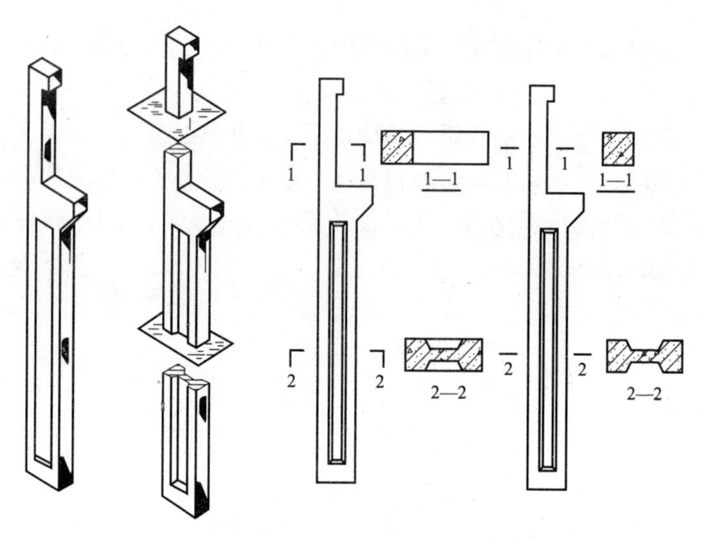

图 3–10　剖面图与断面图的区别

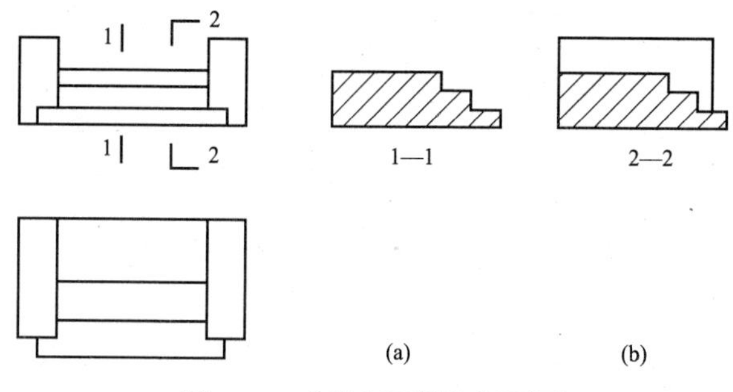

图 3–11　台阶剖面图与断面图

（a）断面图；（b）剖面图

（2）剖面图是被剖开形体的投影，是体的投影；而断面图只是一个截口的投影，是面的投影。被剖开的形体必有一个截口，所以剖面图必然包含断面图在内，而断面图虽属于剖面图的一部分，但一般单独画出。

（3）剖切符号的标注不同。断面图的剖切符号只画出剖切位置线，不画出剖切方向线，且只用编号的注写位置来表示剖切方向。编号写在剖切位置线下侧，表示向下投影。注写在左侧，表示向左投影。

（4）剖面图中的剖切平面可转折，断面图中的剖切平面则不可转折。

2. 断面图的简化画法

为了节省绘图时间，或由于绘图位置不够，建筑制图国家标准允许在必要时可以采用下列的简化画法。

（1）对称图形的简化画法。对称的图形可以只画一半，但要加上对称符号。例如，图 3–12（a）所示的锥壳基础平面图，因为它左右对称，可以只画左半部，并在对称线的两端加上对称符号，如图 3–12（b）所示。对称线用细点画线表示。对称符号用一对平行的短细实线表示，其长度为 6～10mm。两端的对称符号到图形的距离应相等。

（2）由于锥壳基础的平面图不仅左右对称，而且上下对称，因此还可以进一步简化，只画出其 1/4，但同时要增加一条水平的对称线和对称符号，如图 3–12（c）所示。

（3）对称的构件需要画剖面图时，也可以以对称为界，一边画外形图，另一边画剖面图，这时需要加对称符号，如图 3–12 所示的锥壳基础。

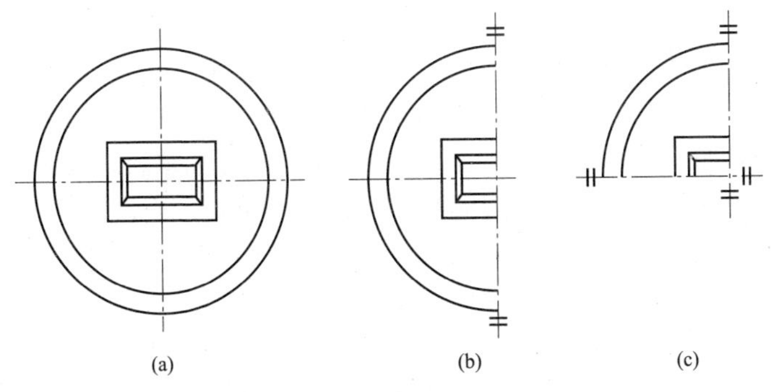

图 3–12　对称图形的简化画法

3. 相同要素的简化画法

建筑物或构配件的图形，如果图上有多个完全相同而连续排列的构造要素，可以仅在排列的两端或适当位置画出其中一两个要素的完整形状，然后画出其余要素的中心线或中心线交点，以确定它们的位置，如图 3–13 所示。

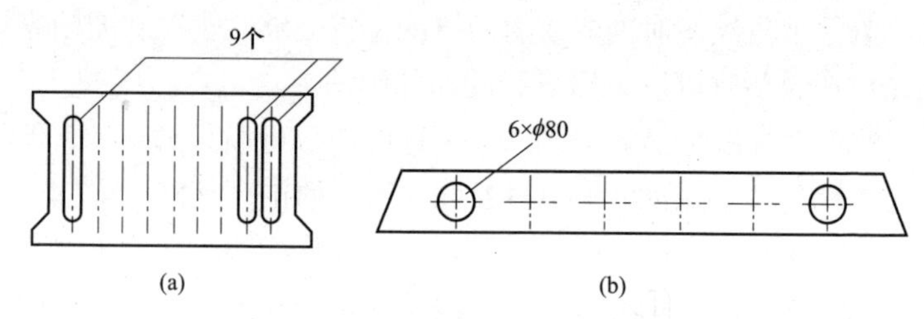

图 3–13　相同要素的简化画法

（a）混凝土空心砖；（b）预应力空心板

第三节　建筑施工图识读

一、建筑施工图的识读步骤和方法

在识读整套图纸时，应按照“总体了解、顺序识读、前后对照、重点细读”的读图方法。

1. 总体了解

一般是先看目录、总平面图和施工总说明，以大体了解工程概况，如工程设计单位、建设单位、新建房屋的位置、周围环境、施工技术要求，等等。对照目录检查图纸是否齐全，采用了哪些标准图并准备齐全这些标准图。然后，看建筑平、立面图和剖视图，大体上想象一下建筑物的立体形象及内部布置。

2. 顺序识读

在总体了解建筑物的情况以后，根据施工的先后顺序，看建筑施工图时，应先看总平面图和平面图，并且要和立面图、剖面图结合起来看，然后再看详图。从基础、墙体（或柱）结构平面布置、建筑构造及装修的顺序，仔细阅读有关图纸。

3. 前后对照

读图时，要注意平面图、剖视图对照着读，建筑施工图和结构施工图对照着读，土建施工图与设备施工图对照着读，做到对整个工程施工情况及技术要求心中有数。

4. 重点细读

根据工种的不同，将有关专业施工图再有重点地仔细读一遍，并将遇到的问题记录下来，及时向设计部门反映。

识读一张图纸时，应按由外向里看，由大到小、由粗到细、图样与说明交替、有关图纸对照看的方法，重点看轴线及各种尺寸关系。

5. 仔细阅读说明或附注

凡是图样上无法表示而又直接与工程质量有关的一些要求，往往在图纸上用文字说明表达出来。这些都是非看不可的，它会告诉我们很多情况。如某建筑物的建筑设计说明，设计说明中说明了工程的结构形式为砖混结构，内外墙均做保温，采用分户计量管道等。说明中，有些内容在图样上无法表示，但又是施工人员必须掌握的。因此，必须认真阅读文字说明。

要想熟练地识读施工图，除了要掌握投影原理、熟悉国家制图标准外，还必须掌握各专业施工图的用途、图示内容和方法。此外，还要经常深入到施工现场，对照图纸，观察实物，这也是提高识图能力的一个重要方法。

施工技术人员要加强专业技术学习，要重视贯彻执行设计思想，将设计图纸上的内容准确无误地传达给施工操作人员，并随时在施工过程中检查核对，确保工程施工的顺利进行。

一套房屋施工图纸，简单的有几张，复杂的有十几张，几十张甚至几百张。阅读时应首先根据图纸目录，检查和了解这套图纸有多少类别，每类有几张。如有缺损或需用标准图和重复利用旧图纸时，要及时配齐。再按目录顺序（按“建施”“结施”“设施”的顺序）通读一遍，对工程对象的建设地点、周围环境、建筑物的大小及形状、结构形式和建筑关键部位等情况先有一个概括的了解。然后，负责不同专业（或工种）的技术人员，根据不同要求，重点、深入地看不同类别的图纸。

二、常用专业名词

在阅读建筑图纸当中，往往会涉及很多的专业名词，只有很好地理解和掌握了这些专业名词之后才能够更好地读取图纸中的信息，专业名词的解释见表 3–1。

表 3–1　　专业名词解释

名称	主要内容
横向	指建筑物的宽度方向
纵向	指建筑物的长度方向
横向轴线	平行于建筑物宽度方向设置的轴线，用以确定横向墙体、柱、梁、基础的位置
纵向轴线	平行于建筑物长度方向设置的轴线，用以确定纵向墙体、柱、梁、基础的位置
开间	两相邻横向定位轴线之间的距离
进深	两相邻纵向定位轴线之间的距离
层高	指层间高度，即地面至楼面或楼面至楼面的高度
净高	指房间的净空高度，即地面至顶棚下皮的高度。它等于层高减去楼地面厚度、楼板厚度和顶棚高度
建筑高度	指室外地坪至檐口顶部的总高度
建筑模数	建筑设计中选定的标准尺寸单位。它是建筑物、建筑构配件、建筑制品以及有关设备尺寸相互间协调的基础
基本模数	建筑模数协调统一标准中的基本尺度单位，用符号 M 表示
标志尺寸	用以标注建筑物定位轴线之间的距离（跨度、柱距、层高等）以及建筑制品、建筑构配件、组合件、有关设备位置界限之间的尺寸

续表

名称	主 要 内 容
构造尺寸	是生产、制造建筑构配件、建筑组合件、建筑制品等的设计尺寸，一般情况下，构造尺寸为标志尺寸减去缝隙或加上支承尺寸
实际尺寸	是建筑构配件、建筑组合件、建筑制品等生产制作后的实有尺寸，实际尺寸与构造尺寸之间的差数应符合建筑公差的规定
定位轴线	用来确定建筑物主要结构构件位置及其标志尺寸的基准线，同时也是施工放线的基线。用于平面时称平面定位轴线；用于竖向时称为竖向定位轴线
建筑朝向	建筑的最长立面及主要开口部位的朝向
建筑面积	指建筑物外包尺寸的乘积再乘以层数，由使用面积、交通面积和结构面积组成
使用面积	指主要使用房间和辅助使用房间的净面积
结构面积	指墙体、柱子等所占的面积

第四节　结构施工图识读

一、结构施工图识读的基本要领

为了能够快速地读懂施工图，往往要懂得识读图纸的基本要领，识图施工图的基本要领见表 3–2。

表 3–2　识读施工图的基本要领

识读要点	具体识读方法
由大到小，由粗到细	在识读建筑施工图时，应先识读总平面图和平面图，然后结合立面图和剖面图的识读，最后识读详图；在识读结构施工图时，首先应识读结构平面布置图，然后识读构件图，最后才能识读构件详图或断面图

续表

识读要点	具体识读方法
仔细识读设计说明或附注	在建筑工程施工图中，对于拟建建筑物中一些无法直接用图形表示的内容，而又直接关系到工程的做法及工程质量，往往以文字要求的形式在施工图中适当的页次或某一张图纸中适当的位置表达出来。显然，这些说明或附注同样是图纸中的主要内容之一，不但必须看，而且必须看懂并且认真、正确地理解。例如，建筑施工中墙体所用的砌块，正常情况下均不会以图形的形式表示其大小和种类，更不可能表示出其强度等级，只好在设计说明中以文字形式来表述
牢记常用图例和符号	在建筑工程施工图中，为了表达的方便和简捷，也让识读人员一目了然，在图样绘制中有很多的内容采用符号或图例来表示。因此，对于识读人员务必牢记常用的图例和符号，这样才能顺利地识读图纸，避免识读过程中出现“语言”障碍。施工图中常用的图例和符号是工程技术人员的共同语言或组成这种语言的字符
注意尺寸及其单位	在图纸中的图形或图例均有其尺寸，尺寸的单位为“米（m）”和“毫米（mm）”两种，除了图纸中的标高和总平面图中的尺寸用米为单位外，其余的尺寸均以毫米为单位，而且对于以米为单位的尺寸，在图纸中尺寸数字的后面一律不加注单位，共同形成一种默认
不得随意变更或修改图纸	在识读施工图过程中，若发现图纸设计表达不全甚至是错误时，应及时准确地做出记录，但不得随意地变更设计，或轻易地加以修改，尤其是对有疑问的地方或内容，可以保留意见。在适当的时间，对设计图纸中存在的问题或合理性的建议，向有关人员提出，并及时与设计人员协商解决

二、结构施工图中常用构件代号

常用构件代号用各构件名称的汉语拼音的第一个字母表示，详见表 3–3。

表 3–3　　　　　　　　常见构件代号

序号	名称	代号	序号	名称	代号	序号	名称	代号
1	板	B	26	屋面框架梁	WKL	51	构造边缘转角墙柱	GJZ
2	屋面板	WB	27	暗梁	AL	52	约束边缘端柱	YDZ
3	空心板	KB	28	边框梁	BKL	53	约束边缘暗柱	YAZ
4	槽形板	CB	29	悬挑梁	XL	54	约束边缘翼墙柱	YYZ
5	折板	ZB	30	井字梁	JZL	55	约束边缘转角墙柱	YJZ
6	密肋板	MB	31	檩条	LT	56	剪力墙墙身	Q
7	楼梯板	TB	32	屋架	WJ	57	挡土墙	DQ
8	盖板或沟盖板	GB	33	托架	TJ	58	桩	ZH
9	挡雨板或檐口板	YB	34	天窗架	CJ	59	承台	CT
10	吊车安全走道板	DB	35	框架	KJ	60	基础	J
11	墙板	QB	36	刚架	GJ	61	设备基础	SJ
12	天沟板	TGB	37	支架	ZJ	62	地沟	DG
13	梁	L	38	柱	Z	63	梯	T
14	屋面梁	WL	39	框架柱	KZ	64	雨篷	YP
15	吊车梁	DL	40	构造柱	GZ	65	阳台	YT
16	单轨吊车梁	DDL	41	框支柱	KZZ	66	梁垫	LD
17	轨道连接	DGL	42	芯柱	XZ	67	预埋件	M
18	车挡	CD	43	梁上柱	LZ	68	钢筋网	W
19	圈梁	QL	44	剪力墙上柱	QZ	69	钢筋骨架	G
20	过梁	GL	45	端柱	DZ	70	柱间支撑	ZC
21	连系梁	LL	46	扶壁柱	FBZ	71	垂直支撑	CC
22	基础梁	JL	47	非边缘暗柱	AZ	72	水平支撑	SC
23	楼梯梁	TL	48	构造边缘端柱	GDZ	73	天窗端壁	TD
24	框架梁	KL	49	构造边缘暗柱	GAZ			
25	框支梁	KZL	50	构造边缘翼墙柱	GYZ			

三、常用钢筋表示法

1. 钢筋的一般表示法

钢筋的一般表示法见表 3–4。

表 3–4　　钢筋的一般表示法

序号	名　称	图　例	说　明
1	钢筋横断面	●	
2	无弯钩的钢筋端部		左图表示长、短钢筋投影重叠时，短钢筋的端部用 45° 斜线表示
3	带半圆形弯钩的钢筋端部		
4	带直钩的钢筋端部		
5	带螺纹的钢筋端部		
6	无弯钩的钢筋搭接		
7	带半圆弯钩的钢筋搭接		
8	带直钩的钢筋搭接		
9	花篮螺钉钢筋接头		
10	机械连接的钢筋接头		用文字说明机械连接的方式

2. 普通钢筋的种类、符号和强度标准值

普通钢筋的种类、符号和强度标准值见表 3–5。

表 3–5　　普通钢筋的种类、符号和强度标准值

种　类		符号	直径/mm	强度标准值 /（N/mm²）
热轧钢筋	HPB300	Φ	6～22	300
	HRB335	Φ	6～50	335
	HRB400	Φ	6～50	400
	HRB500	Φ	6～50	500

3. 钢筋的标注

钢筋的直径、根数及相邻钢筋中心距在图样上一般采用引出线方式标注，其标注形式有以下两种：

（1）标注钢筋的根数和直径：

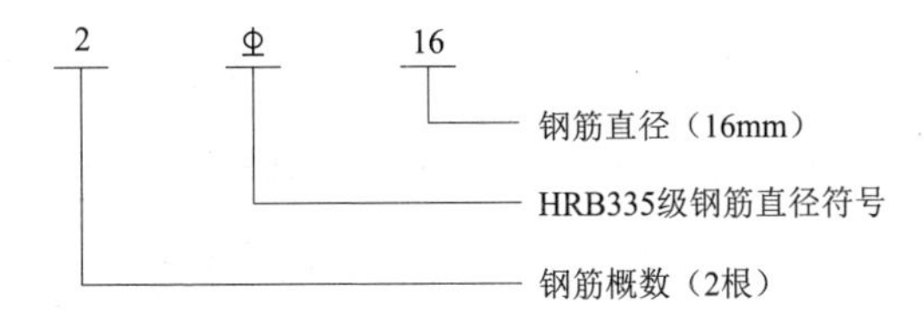

（2）标注钢筋的直径和相邻钢筋中心距：

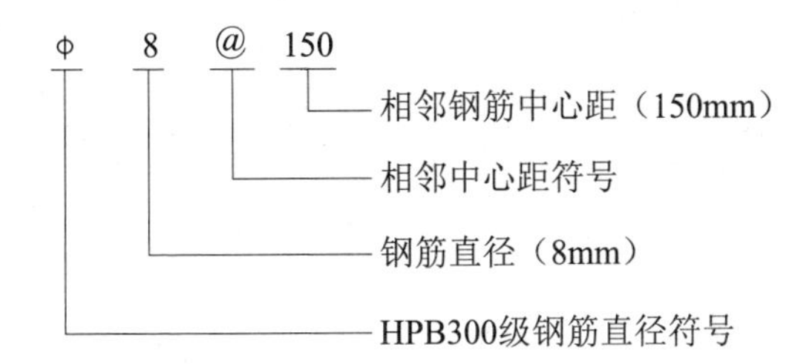

4. 钢筋的名称

配置在钢筋混凝土结构中的钢筋（图 3–14），按其作用可分为表 3–6 所示几种。

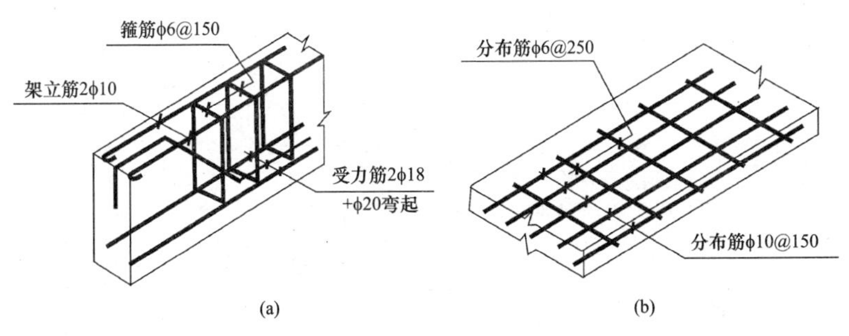

图 3–14　构件中钢筋的名称

（a）梁内配筋；（b）板内配筋

表 3–6　　结构中钢筋的分类

钢筋类别	主 要 作 用
受力筋	承受拉、压应力的钢筋。配置在受拉区的称受拉钢筋；配置在受压区的称受压钢筋。受力筋还分为直筋和弯起筋两种
箍筋	承受部分斜拉应力，并固定受力筋的位置
架立筋	用于固定梁内钢箍位置；与受力筋、钢箍一起构成钢筋骨架
分布筋	用于板内，与板的受力筋垂直布置，并固定受力筋的位置
构造筋	因构件构造要求或施工安装需要而配置的钢筋，如腰筋、预埋锚固筋、吊环等

四、钢筋配置方式表示法

钢筋配置方式表示法见表 3–7。

表 3–7　　钢筋配置方式表示法

配 置 方 法	图 例
在结构平面图中配置双层钢筋时，底层钢筋的弯钩应向上或向左，顶层钢筋的弯钩则向下或向右	（底层） （顶层）
钢筋混凝土墙体配双层钢筋时，在配筋立面图中，远面钢筋的弯钩应向上或向左，而近面钢筋的弯钩应向下或向右（JM 近面；YM 远面）	JM YM JM YM （远面） JM YM JM YM （近面）
若在断面图中不能表达清楚的钢筋布置，应在断面图外增加钢筋大样图（如钢筋混凝土墙、楼梯等）	

续表

配置方法	图例
图中所表示的箍筋、环筋等若布置复杂时，可加画钢筋大样及说明	或
每组相同的钢筋、箍筋或环筋，可用一根粗实线表示，同时用一两端带斜短画线的横穿细线，表示其余钢筋及起止范围	

五、平法设计的注写方式

按平法设计绘制的结构施工图，必须根据具体工程设计，按照各类构件的平法制图规则，在按结构层绘制的平面布置图上直接表示各构件的尺寸、配筋和所选用的标准构造详图。在平面布置图上表示各构件尺寸和配筋的方式，分为平面注写方式、列表注写方式和截面注写方式三种。

按平法设计绘制结构施工图时，应将所有柱、墙、梁构件进行编号，并用表格或其他方式注明各结构层楼（地）面标高、结构层高及相应的结构层号。其结构楼面标高和结构层高在单项工程中必须统一，以保证基础、柱与墙、梁、板等用同一标准竖向定位。为了施工方便，应将统一的结构标高和结构层高分别放在柱、墙、梁等各类构件的平法施工图中，表 3–8 即为某教学楼结构层楼面标高及结构层高。

表 3–8　　某教学楼结构层楼面标高及结构层高

层号	标高/m	层高/m
–1	–0.030	3.900
1	3.870	3.600
2	7.470	3.600
3	11.070	3.600

续表

层号	标高/m	层高/m
4	14.670	3.600
5	18.270	3.600
屋面 1	21.870	3.600
屋面 2	25.470	3.600

第四章

土方工程必备技能

第一节　施工准备与辅助工作

一、开挖条件

1. 工艺流程

工艺流程如下：

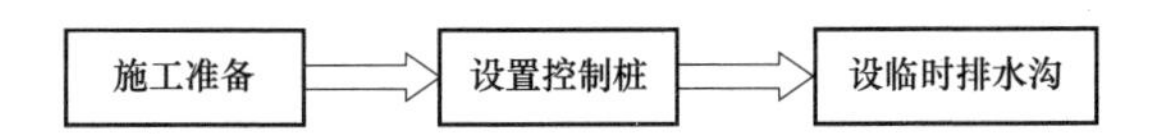

2. 施工工艺

（1）施工准备。

主要机具：测量仪器、铁锹（尖、平头）、手锤、手推车、梯子、铁镐、撬棍、龙门板、土方密度检查仪等。

作业条件：土方开挖前，应摸清地下管线等障碍物，并应根据施工方案的要求，将施工区域内的地上、地下障碍物摸清楚和处理完毕。

（2）设置控制桩。建筑物或构筑物的位置或场地的定位控制线（桩），如图 4–1 所示。标准水平桩及按方案确定的基槽的灰线尺寸，必须经过检验合格，并办完预验手续。

（3）设临时排水沟。场地表面要按施工方案确定的排水坡度清理平整，在施工区域内，要挖临时性排水沟（图 4–2）。

经验指导：控制桩主要用于交点桩、转点桩、平曲线控制桩、路线起终点桩、断链桩以及其他构造物控制桩等。控制桩为5cm×5cm×（30～50cm）或直径为5cm的木质桩。另外，还有房屋建筑中的轴线桩

图 4–1　定位控制桩

图 4–2　临时排水沟

开挖基底标高低于地下水位的基坑（槽）、管沟时，应根据工程地质资料，在开挖前采取措施降低地下水位，一般要降至低于开挖底面 500mm，然后再开挖。

3. 施工总结

土方工程应在定位放线后，方可施工。在城市规划区域内，应根据城市规划部门测放的建筑界线、街道控制桩和水准点测量。

二、平整场地

1. 工艺流程

工艺流程如下：

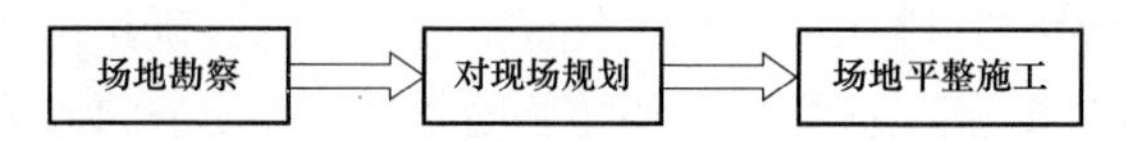

2. 施工工艺

（1）场地勘察。当确定平整工程时，施工人员首先应到现场进行勘察，了解场地地形、地貌和周围环境。根据总平面图及规划，了解并确定平整场地的大致范围。

（2）对现场规划。平整前必须把现场平整范围内的障碍物（如树木、电线、电杆、管道、房屋、坟墓等）清理干净。场地如有高压线、电杆、塔架、地上和地下管道、电缆、坟墓、树木、沟渠以及旧有房屋、基础等，进行拆除或搬迁、改建、改线；对附近原有建筑物、电杆、塔架等采取有效的防护和加固措施，可利用的建筑物应充分利用。

（3）场地平整施工。场地平整（图 4–3）应经常测量和校核其平面位置，水平标高和边坡坡度是否符合设计要求。平面控制桩和水准控制点应采取可靠措施加以防护，定期复测和检查，土方不应堆在边坡边缘。

经验指导：场地平整时，需要标定平整范围，适宜采用网格式施工方法

图 4–3　场地平整

3. 施工总结

（1）平整场地的表面坡度应符合设计要求，如无设计要求时，一般应向排水沟方向做成不小于 0.2%的坡度。

（2）平整后的场地表面应逐点检查，检查点为每 100～400m^2 取一点，但不少于 10 点；长度、宽度和边坡均为每 20m 取一点，每边不少于一点。

第二节 土 方 施 工

一、人工挖基槽（坑）

1. 工艺流程

工艺流程如下：

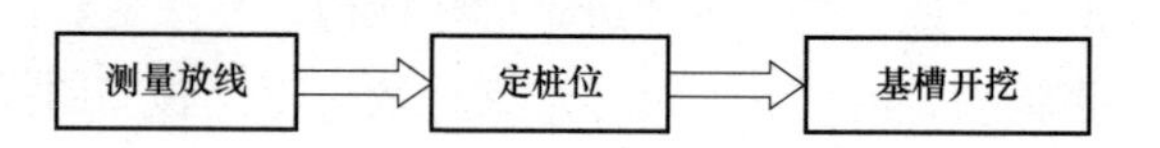

2. 施工工艺

（1）开挖浅的条基，如不放坡时，应先沿灰线直边切除槽轮廓线，然后自上而下分层开挖，如图 4–4 所示。

经验指导：每层深500mm为宜，每层应清理出土，逐步挖掘。在挖方上侧弃土时，应保证边坡和直立壁的稳定，抛于槽边的土应距槽边1m以外

图 4–4 人工挖基槽

（2）挖到一定深度时，测量人员及时测出距槽底 500mm 的水平线（图 4–5），每条槽端部开始，每隔 2～3m 在槽边上钉小木橛。

（3）挖至槽底标高后，由两端轴线引桩拉通线，检查基槽尺寸，然后修槽清底。

（4）开挖放坡基槽时，应在槽帮中间留出 800mm 左右的倒土台。

图 4–5　500mm 水平线

3. 施工总结

严禁超挖，发生超挖后，不得随意填平，须经设计处理；桩群上开挖，应在打完桩间隔一段时间后对称开挖；尽量减少对基底的扰动，如不及时施工，应在底标高以上留 300mm 的土层待以后开挖。

二、机械挖基槽（坑）

1. 工艺流程

工艺流程如下：

2. 施工工艺

（1）测量控制网布设。

1）标高误差和平整度标准均应严格按规范标准执行。机械挖土接近坑底时，由现场专职测量员用水平仪将水准标高引测至基槽侧壁。然后，随着挖土机逐步向前推进，将水平仪置于坑底，每隔 4～6m 设置一标高控制点，纵横向组成标高控制网，以准确控制基坑标高。最后一步土方挖至距基底 150～300mm 位置，所余土方采用人工清土，以免扰动了基底的老土。

2）测量精度的控制及误差范围见表 4–1。

表 4–1　　测量精度的控制及误差范围

测量项目	测量的具体方法及误差范围
测角	采用三测回，测角过程中误差控制在 2″以内，总误差在 5mm 以内
测弧	采用偏角法，测弧度误差控制在 2″以内
测距	采用往返测法，取平均值
量距	用鉴定过的钢尺进行量测并进行温度修正，轴线之间偏差控制在 2mm 以内

3）对地质条件好、土（岩）质较均匀、挖土高度在 5～8m 以内的临时性挖方的边坡，其边坡坡度可按表 4–2 取值，但应验算其整体稳定性并对坡面进行保护。

表 4–2　　临时性挖方边坡值

土 的 类 别		边坡值
砂土（不包括细砂、粉砂）		1:1.25～1:1.50
一般性黏土	硬	1:0.75～1:1.00
	硬、塑	1:1.00～1:1.25
	软	1:1.50 或更缓
碎土	充填坚硬、硬塑黏性土	1:0.50～1:1.00
	充填砂石	1:1.00～1:1.50

（2）分段、分层均匀开挖。

1）当基坑（槽）或管沟受周边环境条件和土质情况限制无法进行放坡开挖时，应采取有效的边坡支护方案，开挖时应综合考虑支护结构是否形成，做到先支护后开挖，一般支护结构强度达到设计强度的 70%以上时，才可继续开挖。

2）开挖基坑（槽）或管沟时，应合理确定开挖顺序、路线及开挖深度。然后，分段分层均匀下挖。

3）采用挖土机开挖大型基坑（槽）时（图 4–6），应从上而下分层分段，按照坡度线向下开挖，严禁在高度超过 3m 或在不稳定土体下作业，但每层的中心地段应比两边稍高一些，以防积水。

施工小常识：在挖方边坡上如发现有软弱土、流砂土层时，或地表面出现裂缝时，应停止开挖，并及时采取相应补救措施，以防止土体崩塌与下滑

图 4–6　机械挖基坑

4）采用反铲、拉铲挖土机开挖基坑（槽）或管沟时，其施工方法有下列两种。

端头挖土法：挖土机从坑（槽）或管沟的端头，以倒退行驶的方法进行开挖，自卸汽车配置在挖土机的两侧装运土。

侧向挖土法：挖土机沿着坑（槽）边或管沟的一侧移动，自卸汽车在另一侧装土。

（3）修边、清底。

1）放坡施工时，应人工配合机械修整边坡，并用坡度尺检查坡度。

2）在距槽底设计标高 200～300mm 槽帮处，抄出水平线，钉上小木橛，然后用人工将暂留土层挖走。同时，由两端轴线（中心线）引桩拉通线（用小线或钢丝），检查距槽边尺寸，确定槽宽标准。以此修整槽边，最后清理槽底土方。

3. 施工总结

（1）挖土机沿挖方边缘移动：机械距离边坡上缘的宽度不得小于基坑（槽）和管沟深度的 1/2，如挖土深度超过 5m 时，应按专业性施工方案来确定。

（2）防止基底超挖：开挖基坑（槽）、管沟不得超过基底标高，一般可在设计标高以上暂留 300mm 一层土不挖，以便经抄平后由人工清底挖出。如个别地方超挖时，其处理方法应取得设计单位同意。

（3）防止施工机械下沉：施工时必须了解土质和地下水位情况。推土机、铲土机一般需要在地下水位 0.5m 以上推铲土；挖土机一般需在地下水位 0.8m 以上挖土，以防机械自身下沉。正铲挖土机挖方的台阶高度，不得超过最大挖掘高度的 1.2 倍。

第三节　基 坑 支 护

一、砖砌挡土墙

1. 工艺流程

工艺流程如下：

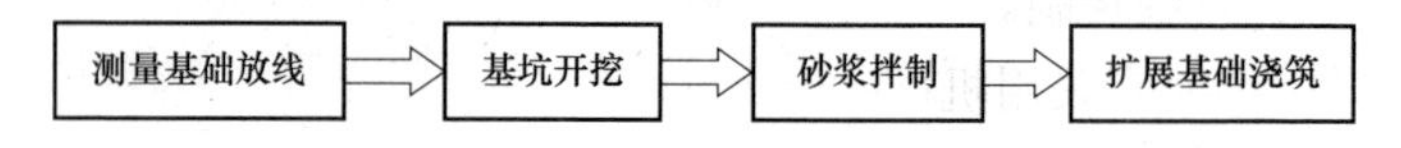

2. 施工工艺

（1）基础测量放线（图 4–7）：根据设计图纸，按围墙中线、高程点测放挡土墙的平面位置和纵段高程，精确测定挡土墙

图 4–7　基础测量放线

基座主轴线和起讫点，伸缩缝位置，每端的衔接是否顺直，并按施工放样的实际需要增补挡土墙各点的地面高程，并设置施工水准点，在基础表面上弹出轴线及墙身线。

（2）基坑开挖。

1）挡土墙基坑采用挖掘机开挖，人工配合挖掘机刷底。基础部位的尺寸、形状、埋置深度，均按设计要求施工。

2）基础开挖为明挖基坑，在松软地层或陡坡基层地段开挖时，基坑不宜全段贯通，而应采用跳槽办法开挖，以防止上部失稳。当基地土质为碎石土、砂砾土、黏性土等时，将其整平夯实。

3）基坑用挖掘机开挖时，应有专人指挥，在开挖过程中不得超挖，避免扰动基底原状土。

4）基坑刷底时要预留10%的反坡（即内高外低），预留坡底的目的是防止墙内土的加压力引起挡土墙向外滑动。

5）在基槽边弃土时，应保证边坡稳定。当土质好时，槽边的基土应距基槽上口边缘1.2m以外，高度不得超过1.5m。

（3）砂浆拌制。

1）砂浆宜采用机械搅拌，投料顺序应先倒砂、水泥，最后加水。搅拌时间宜为3～5min，不得少于90s。砂浆稠度应控制在50～70mm。

2）砂浆配制应采用质量比，砂浆应随拌随用，保持适宜的稠度，一般宜在3～4h使用完毕；当气温超过30℃时，宜在2～3h使用完毕。发生离析、泌水的砂浆，砌筑前应重新拌和，已凝结的砂浆不得使用。

3）为改善水泥砂浆的和易性，可掺入无机塑化剂或以造化松香为主要成分的微沫剂等有机塑化剂，其参量应通过试验确定。

（4）扩展基础浇筑（图4–8）。经验指导：浇筑时用振动棒振捣，防止出现蜂窝、麻面等影响质量和观感的现象。每个10～15m设置一道变形缝，变形缝用30mm聚苯乙烯板隔离，要求隔离必须完整、彻底，不得有缝隙，以保证挡土墙各段完全分离。

图 4–8　扩展基础浇筑

3. 施工总结

（1）预埋泄水管的位置准确，泄水孔每隔 2m 设置一个，渗水处适当加密，上下排泄水孔应交错位置。

（2）泄水孔向外横坡为 3%，最底层泄水管距地面高度为 30cm。进水口填级配碎石反滤层进行处理。

二、地下连续墙

1. 工艺流程

工艺流程如下：

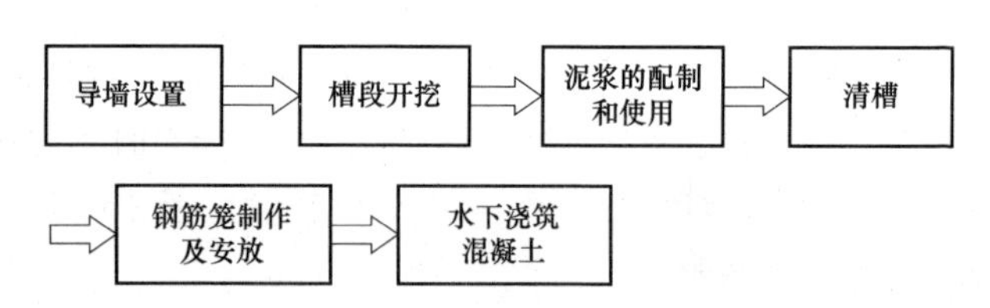

2. 施工工艺

（1）导墙设置。

1）在槽段开挖前，沿连续墙纵向轴线位置构筑导墙，导墙可采用现浇或预制工具式钢筋混凝土导墙，也可采用钢质导墙。

2）导墙深度一般为 1～2m，其顶面略高于地面 100～200mm，以防止地表水流入导沟。导墙的厚度一般为100～200mm，内墙面应垂直，内壁净距应为连续墙设计厚度加施工余量（一般为40～60mm）。墙面与纵轴线距离的允许偏差为±10mm，内外导墙间距允许偏差±5mm，导墙顶面应保持水平。

3）导墙宜筑于密实的地层上，背侧应用黏性土回填并分层夯实，不得漏浆。每个槽段内的导墙应设一个溢浆孔。

4）导墙顶面应高出地下水位1m以上，以保证槽内泥浆液面高于地下水位0.5m以上，且不低于导墙顶面0.3m。

（2）槽段开挖。

1）挖槽施工前，一般将地下连续墙划分为若干个单元槽段。每个单元槽段有若干个挖掘单元。在导墙顶面画好槽段的控制标记。如有封闭槽段时，必须采用两段式成槽，以免导致最后一个槽段无法钻进。一般普通钢筋混凝土地下连续墙工程挖掘单元长为 6～8m，素混凝土止水帷幕工程挖掘单元长为3～4m。

2）为保证机械运行和工作平稳，轨道铺设应牢固、可靠，道碴应铺填密实。轨道宽度允许误差为±5mm，轨道标高允许误差为±10mm。连续墙钻机就位后应使机架平稳，并使悬挂中心点和槽段中心一线。钻机调好后，应用夹轨器固定牢靠。

（3）泥浆的配制和使用。

1）泥浆必须经过充分搅拌，常用方法有：低速卧式搅拌机搅拌；螺旋桨式搅拌机搅拌；压缩空气搅拌；离心泵重复循环。泥浆搅拌后应在储浆池内静置24h以上。

2）在施工过程中应加强检验和控制泥浆的性能，定时对泥浆性能进行测试，随时调泥浆配合比，做好泥浆质量检测记录。

一般做法是：在新浆拌制后静止24h，测一次全项（含砂量除外）；在成槽过程中，一般每进尺1～5m或每4h测一次泥浆密度和黏度。在成槽结束前测一次密度、黏度；浇灌混凝土前测一次密度。两次取样位置均应在槽底以上 200mm 处。失水量和 pH 值应在每槽孔的中部和底部各测一次。含砂量可根据实际情况测定，稳定性和胶体率一般在循环泥浆中不测定。

（4）清槽（图 4–9）。清理槽底和置换泥浆结束 1h 后，槽底沉渣厚度不得大于 200mm；浇混凝土前槽底沉渣厚度不得大于 300mm，槽内泥浆密度为 1.1～1.25g/mm^3，黏度为 18～22s，含砂量应小于 8%。

图 4–9　清槽

（5）钢筋笼制作及安放。

1）钢筋笼的加工制作（图 4–10），要求主筋净保护层为

经验指导：钢筋笼制作允许偏差值为：主筋间距±10mm；箍筋间距±20mm：钢筋笼厚度和宽度±10mm；钢筋笼总长度±50mm。

图 4–10　连续墙钢筋笼

70～80mm。为防止在插入钢筋笼时擦伤槽面，并确保钢筋保护层厚度，宜在钢筋笼上设置定位钢筋环、混凝土垫块。纵向钢筋底端距槽底的距离应有100～200mm，当采用接头管时，水平钢筋的端部至接头管或混凝土及接头面应留有100～150mm间隙。纵向钢筋应布置在水平钢筋的内侧。为便于插入槽内，钢筋底端宜稍向内弯折。钢筋笼的内空尺寸，应比导管连接处的外径大100mm以上。

2）钢筋笼吊放（图4–11）应使用起吊架，采用双索或四索起吊，以防起吊时间钢索的收紧力而引起钢筋笼变形。

施工小常识：施工要注意在起吊时不得拖拉钢筋笼，以免造成弯曲变形。为避免钢筋吊起后在空中摆动，应在钢筋笼下端系上溜绳，用人力加以控制。

图4–11　钢筋笼吊放

（6）水下混凝土浇筑（图4–12）。

图4–12　水下混凝土浇筑

1）混凝土配合比应符合下列要求：混凝土的实际配制强度等级应比设计强度等级高一级；水泥用量不宜少于370kg/m^3；水

灰比不应大于0.6；坍落度宜为18～20cm，并应有一定的流动度保持率；坍落度降低至15cm的时间，一般不宜小于1h；扩散度宜为34～38cm；混凝土拌和物含砂率不小于45%；混凝土的初凝时间，应能满足混凝土浇灌和接头施工工艺要求，一般不宜低于3～4h。

2）导管下口与槽底的间距，以能放出隔水栓和混凝土为度，一般比栓长 100～200mm。隔水栓应放在泥浆液面上。为防止粗骨料隔水栓，在浇筑混凝土前宜先灌入适量的水泥砂浆。隔水栓用钢丝吊住，待导管上口贮斗内混凝土的存量满足首次浇筑，导管底端能埋入混凝土中0.8～1.2m时，才能剪断钢丝，继续浇筑。

3）混凝土浇筑应连续进行，槽内混凝土面上升速度一般不宜小于2m/h，中途不得间歇。当混凝土不能畅通时，应将导管上下提动，慢提快放，但不宜超过300mm。导管不能作横向移动。提升导管应避免碰挂钢筋笼。

3. 施工总结

（1）在施工过程中，应注意保证护壁泥浆的质量，彻底进行清底换浆，严格按规定灌注水下混凝土，以确保墙体混凝土的质量。

（2）槽底沉渣过厚：护壁泥浆不合格，或清底换浆不彻底，均可导致大量沉渣积聚于槽底，在灌注水下混凝土前，应测定沉渣厚度，符合设计要求后，才能灌注水下混凝土。

（3）槽孔偏斜：当出现槽孔偏斜时，应查明钻孔偏斜的位置和程度，对偏斜不大的槽孔，一般可在偏斜处吊住钻机，上下往复扫钻，使钻孔正直；对偏斜严重的钻孔，应回填砂与黏土混合物到偏孔处1m以上，待沉积密实后，再重复施钻。

三、内支撑

1. 工艺流程

工艺流程如下：

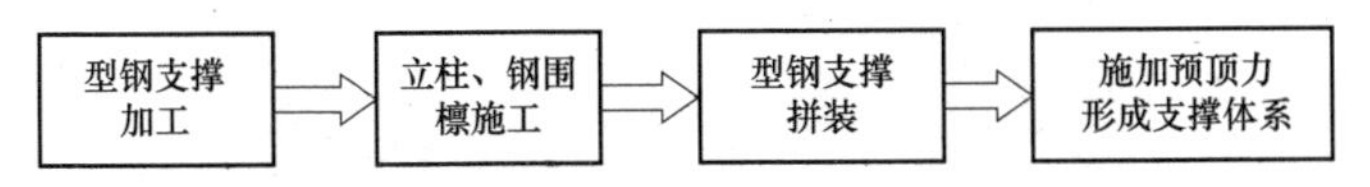

2. 施工工艺

（1）型钢支撑加工（图 4–13）。

图 4–13　内支撑型钢

1）按设计图纸加工钢支撑。焊接拼装按工艺一次进行，当有隐蔽焊接时，必须先施焊，经检验合格后方可覆盖。

2）钢支撑长度较长时，可分段加工制作，组装可采用法兰连接。

（2）立柱、钢围檩施工。

1）立柱通常由型钢组合而成。立柱施工采用机械钻孔至基底标高，孔内放置型钢立柱，经测量定位、固定后浇筑混凝土，使其底部形成形钢混凝土柱。施工时应保证型钢嵌固深度，确保立柱稳定。立柱施工应严格控制柱顶标高和轴线位置。

2）围檩（图 4–14）通常由型钢和钢缀板焊接而成。钢围檩通过牛腿固定到围护结构。牛腿与围护结构通过高强膨胀螺栓或预埋钢件焊接连接与钢围檩焊为一体。

图 4–14　围檩

经验指导：当支护结构为连续墙时，可不设钢围檩，型钢直接支撑在连续墙预埋钢板上；当支撑在帽梁上时，也可取消钢围檩。

（3）型钢支撑拼装。

1）待支护结构立柱、钢围檩施工验收完毕，并且土方开挖至设计支撑拼装高程，开始进行钢支撑拼装，采用吊车分段将钢支撑吊放至设计标高，并按照节点详图进行拼装。

2）将钢支撑一端焊接在钢围檩上，另一端通过活接头顶在钢围檩上。

3）钢支撑拼装组装时要求两端高程一致，水平方向不扭转，轴心成一直线。

（4）施加预顶力形成支撑体系。

1）施加预顶力应根据设计轴力选用液压油泵和千斤顶，油泵与千斤顶需经标定。

2）支撑安装完毕后应及时检查各节点的连接状况，经确认符合要求后方可施加预顶力。

3）钢支撑施加预顶力时应在支撑两侧同步对称分级加载，

每级为设计值 10%，加载时应进行变形观测。如发现实际变形值超过设计变形值时，应立即停止加载，与设计单位研究处理。

4）钢支撑预顶锁定后，支撑端头与钢围檩或预埋钢板应焊接固定。

5）为确保钢支撑整体稳定性，各支撑之间通常采用连接杆件连系，系杆可用小断面工字钢或槽钢组合而成，通过钢箍与支撑连接固定。

3. 施工总结

（1）型钢支撑安装时必须严格控制平面位置和高程，以确保支撑系统安装符合设计要求；应严格控制支撑系统的焊接质量，确保杆件连接强度符合设计要求。

（2）支护结构出现渗水、流沙或开挖面以下冒水，应及时采取止水堵漏措施，土方开挖应均衡进行，以确保支撑系统稳定。

第四节　土方填筑、夯实与地下水控制

一、回填土分层铺摊

1. 工艺流程

工艺流程如下：

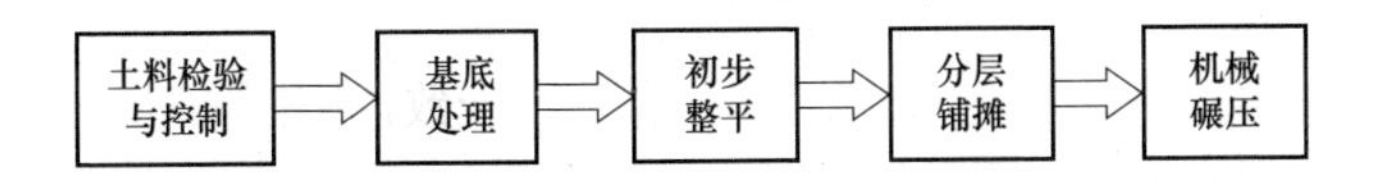

2. 施工工艺

（1）填土前应检验土料质量、含水量是否在控制范围内。土料含水量一般以手握成团、落地开花为适宜。各种压实机具的压实影响深度与土的性质、含水量和压实遍数有关，回填土的最优含水量和最大干密度，应按设计要求经试验确定。其参考数值见表 4–3。

表 4–3　　土的最优含水量和最大干密度参考表

项次	土的种类	变动范围	
		最优含水量（%）（重量比）	最大干密度/（t/m^3）
1	砂土	8～12	1.80～1.88
2	黏土	19～23	1.58～1.70
3	粉质黏土	12～15	1.85～1.95
4	粉土	16～22	1.61～1.80

注：1. 表中土的最大干密度应以现场实际达到的数字为准。
2. 一般性的回填可不作此项测定。

（2）基底处理（图 4–15）。

图 4–15　基底处理

1）场地回填应先清除基底上的垃圾、草皮、树根，排出坑穴中积水、淤泥和杂物，并应采取措施防止地表滞水流入填方区，浸泡地基，造成基土下陷；当填方基底为耕植土或松土时，应将基底充分夯实或碾压密实。

2）当填土场地地面陡于 1/5 时，应先将斜坡挖成阶梯形，阶高 0.2～0.3m，阶宽大于 1m，然后分层填土，以利于结合和防止滑动。

（3）回填土应分层铺摊和夯压密实，每层铺土厚度和压实遍数应根据土质、压实系数和机具性能而定。一般铺土厚度应小于压实机械压实的作用深度，应能使土方压实而机械的功耗最少。

通常应进行现场夯（压）实试验确定。常用夯（压）实工具机械每层铺土厚度和所需的夯（压）实遍数参考数值见表 4–4。

表 4–4　　填方每层铺土厚度和压实遍数

项次	压实机具	每层铺土厚度/mm	每层压实遍数/遍
1	平碾（8～120t）	200～300	6～8
2	羊足碾（5～160t）	200～350	6～16
3	蛙式打夯机（200kg）	200～250	3～4
4	振动碾（8～15t）	60～130	6～8
5	振动压路机（2t，振动力 98kN）	120～150	10
6	推土机	200～300	6～8
7	拖拉机	200～300	8～16
8	人工打夯	不大于 200	3～4

（4）填方应在边缘设一定坡度，以保持填方的稳定。填方的边坡坡度根据填方高度、土的种类和其重要性，在设计中加以规定。当无规定时，可按表 4–5 采用。

表 4–5　　永久性填方的边坡坡度比

项次	土的种类	填方高度/m	边坡坡度
1	黏土类土、黄土、类黄土	6	1:1.50
2	粉质黏土、泥灰岩土	6～7	1:1.50
3	中砂和粗砂	10	1:1.50
4	黄土或类黄土	6～9	1:1.50
5	砾石和碎石土	10～12	1:1.50
6	易风化的岩土	12	1:1.50

注：1. 当填方的高度超过本表规定的限值时，其边坡可做成折线形，填方下部的边坡应为 1:1.75～1:2.00。

2. 凡永久性填方，土的种类未列入本表者，其边坡坡度不得大于 45°/2，为土的自然倾斜角。

3. 对使用时间较长的临时性填方（如使用时间超过一年的临时工程的填方）边坡坡度，当填高小于 10m 时可采用 1:1.50；超过 10m 可做成折线形，上部采用 1:1.50，下部采用 1:1.75。

（5）人工回填打夯前应将填土初步整平，打夯要按一定方向进行，一夯压半夯，夯夯相接，行行相连，两遍纵横交叉，分层夯打。夯实基槽及地坪时，行夯路线应由四边开始，然后夯向中间。用蛙式打夯机（图 4–16）等小型机具夯实时，打夯前应对填土初步整平，打夯机依次夯打，均匀分开，不留间歇。

图 4–16　蛙式打夯机

经验指导：基槽（坑）回填应在相对两侧或四周同时进行回填与夯实。回填高差不可相差太多，以免将墙挤歪。较长的管沟墙，应采取内部加支撑的措施。回填管沟时，应用人工先在管道周围填土夯实，并应从管道两边同时进行，待填至管顶 0.5m 以上，方可采用打夯机夯实。

（6）采用推土机填土时，应由下而上分层铺填，不得采用大坡度推土、以推代压、居高临下、不分层次和一次推填的方法。推土机运土回填，可采取分堆集中、一次运送方法，以减少运土漏失量。填土程序宜采用纵向铺填顺序，从挖土区段至填土区段，以 40～60m 距离为宜，用推土机来回行驶碾压，履带应重叠一半。采用铲运机大面积铺填土时，铺填土区段长度不宜小于 20m，宽度不宜小于 8m。铺土应分层进行，每次铺土厚度不大于 300～500mm；每层铺土后，利用空车返回时将地表面刮平，填土程序一次横向或一次纵向分层卸土，以利于行驶时初步压实。

（7）大面积回填宜用机械碾压（图 4–17），碾压前宜先用轻型推土机推平，低速预压 4～5 遍，使表面平实，避免碾轮下陷；采用振动平碾压实爆破石渣或碎石类土，应先静压，然后振压。

图 4–17 回填土机械碾压

碾压机械压实填方时，应控制行驶速度，一般平碾、振动碾不超过 2km/h；羊足碾不超过 3km/h；并要控制压实遍数。碾压机械与基础或管道应保持一定距离，防止将基础或管道压坏或使其移位。

3. 施工总结

（1）土方回填前应清除基底的垃圾、树根等杂物，抽除坑穴积水、淤泥，验收基底标高。

（2）填方施工过程中应检查排水措施、每层填筑厚度、含水量控制、压实程度。填筑厚度及压实遍数应根据土质、压实系数及所用机具确定。

二、回填土分层标高控制

1. 工艺流程

工艺流程如下：

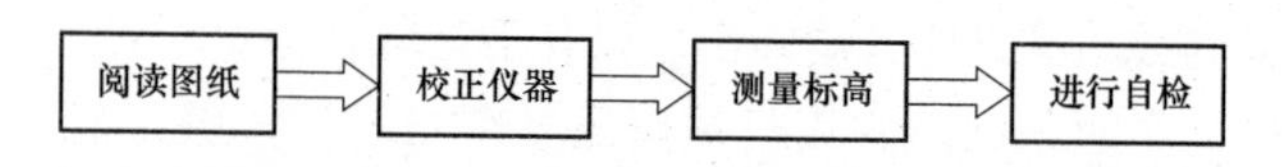

2. 施工工艺

回填土回填采用水准仪控制回填标高（图 4–18），当回填深度小于塔尺高度时将水准仪放置在坡边，利用坡上水准控制点进行控制。当回填深度大于塔尺高度时，将水准仪放置在基坑内，利用护壁上的水准控制点进行控制。

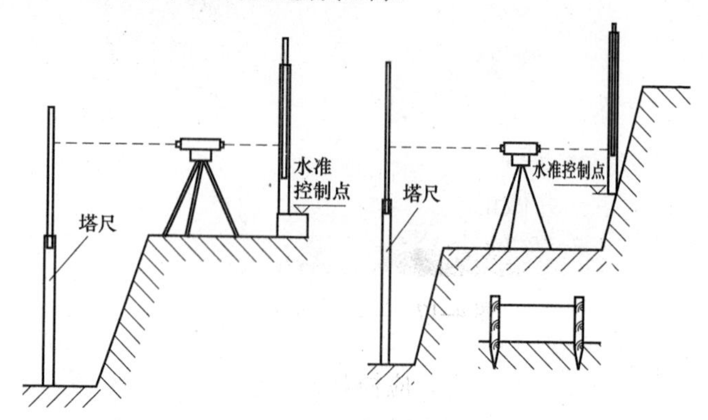

图 4–18　回填土分层标高控制示意图

3. 施工总结

（1）减少传递，减少误差积累；细心，要经常性复核，以免出错。

（2）长宽较大时，填土应分段进行。每层接缝处应制成斜坡形，上下错缝距离不得超于 1m。

三、回填土夯实

1. 工艺流程

工艺流程如下：

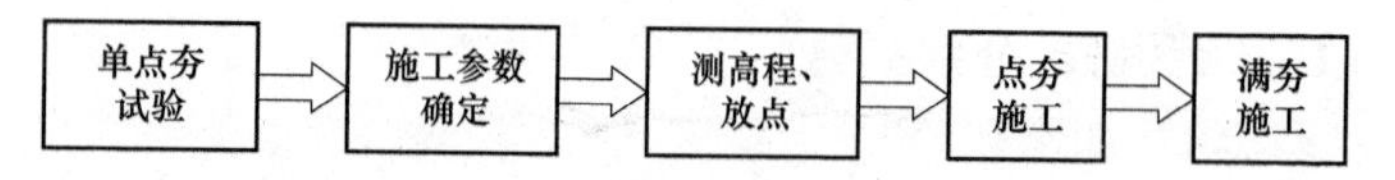

2. 施工工艺

（1）单点夯试验。

1）在施工场地附近或场地内，选择具有代表性的适当位置进行单点夯试验。试验点数量根据工程需要确定，一般不少于2点。

2）根据夯锤直径，用白灰画出试验点中心点位置及夯击圆界线。

3）在夯击试验点界线外两侧，以试验中心点为原点，对称等间距埋设标高施测基准桩，基准桩埋设在同一直线上，直线通过试验中心点，基准桩间距一般为1m，基准桩埋设数量视单点夯影响范围而定。

4）远离试验点，（夯击影响区外）架设水准仪，进行各观测点的水准测量，并做记录。

5）平稳起吊夯锤至设计要求夯击高度，释放夯锤自由平稳落下。

6）用水准仪对基准桩及夯锤顶部进行水准高程测量，并做好试验记录。

7）重复以上两步骤至试验要求夯击次数。

（2）施工参数确定。

1）在完成各单点夯试验施工及检测后，综合分析施工检测数据，确定强夯施工参数，包括：夯击高度、单点夯击次数、点夯施工遍数及满夯夯击能量、夯击次数、夯点搭接范围、满夯遍数等。

2）根据单点夯试验资料及强夯施工参数，对处理场地整体夯沉量进行估算，根据建筑设计基础埋深，计算确定需要回填土数量。

（3）测高程、放点。对强夯施工场地地面进行高程测量。根据第一遍点夯施工图，以夯击点中心为圆心，以夯锤直径为圆直径，用白灰画圆，分别画出每一个夯点。

（4）起重机就位（图4–19）。

图 4–19　起重机就位

1）夯击机械就位，提起夯锤离开地面，调整吊机使夯锤中心与夯击点中心一致，固定起吊机械。

2）提起夯锤至要求高度，释放夯锤平稳自由落下进行夯击。

（5）测量夯前锤顶标高：用标尺测量夯锤顶面标高。

（6）点夯施工。

1）重复（3）与（4）两步骤，至要求夯击次数。

2）点夯夯击完成后，转移起吊机械与夯锤至下一夯击点，进行强夯施工。

（7）满夯施工。

1）点夯施工全部结束，平整场地并测量场地水准高程后，可进行满夯施工。

2）满夯施工应根据满夯施工图进行并遵循由点到线、由线到面的原则。

3）按设计要求的夯击能量、夯击次数、遍数及夯坑搭接方式进行满夯施工。

3. 施工总结

（1）不同遍数施工之间的需要控制的施工间隔时间应根据地质条件、地下水条件、气候条件等因素由设计人员提出，一般为 3～7d。

（2）强夯的检测时间应根据工程规模和检测工程量由设计确定。一般对于碎石土和砂土地基，可取 7～14d；粉土和黏性土地基，可取 14～28d。

四、明沟排水与盲沟排水

1. 工艺流程

工艺流程如下：

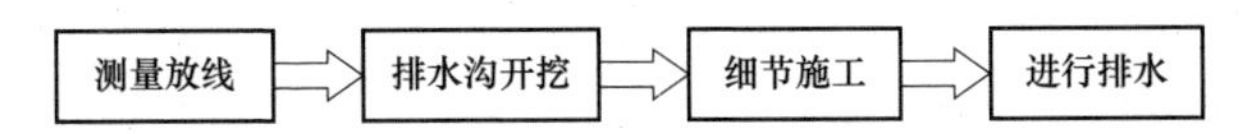

2. 施工工艺

（1）排水沟布置（图 4–20）。在基坑两侧或四周，集水坑在基坑四角每隔 30～40m 设置，坡度宜为 1‰～2‰。排水沟宜布在拟建建筑基础边 0.4m 以外，集水坑地面应比沟底低 0.5m。水泵型号依据水量计算确定。肥槽宽阔时宜采用明沟，狭隘时宜采用盲沟。

图 4–20　基坑外围排水沟布置

（2）普通明沟排水法。

1）在基坑（槽）的周围一侧或两侧设置排水边沟，每隔 20～30m 设置一集水井（图 4–21），使地下水汇集于井内。

2）一般小面积的基坑（槽）排水沟深 0.3～0.6m，底宽等于或大于 0.4m，水沟的边坡为 1:1.1～1:1.5，沟底设有 0.1%～0.2%

的纵坡，使水流不致堵塞。

经验指导：集水井的截面为600mm×600mm～800mm×800mm，井底保持低于沟底0.4～0.1m，井壁用竹筏、模板加固

图 4–21　基坑集水井

（3）分层明沟排水法。

1）基坑深度较大，地下水位较高以及多层土中上部有透水性较强的土时采用。

2）在基坑（槽）边坡上设置 2～3 层明沟及相应集水井，分层阻截上部土体中的地下水。

（4）深沟降水法。

1）降水深度大的大面积地下室、箱形基础及基础群施工降低地下水位时采用。

2）在建筑物内或附近适当位置于地下水上游开挖。纵长深沟作为主沟，自流或用泵将地下水排走。

3）在建筑物、构筑物四周或内部设支沟与主沟沟通，将水流引至主沟排出。

4）主沟的沟底应较最深基坑低 1～2m；支沟比主沟浅 500～800mm，通过基础部位填碎石及砂作盲沟，在基础回填前分段夯填黏土截断。

3. 施工总结

（1）应注意防止上层排水沟下水流向下层排水沟，冲坏边坡造成塌方。

（2）抽水应连续进行，直到基础回填土后方可停止。

第五章

土方工程提升技能

第一节 基坑支护

一、土钉墙

1. 工艺流程

工艺流程如下：

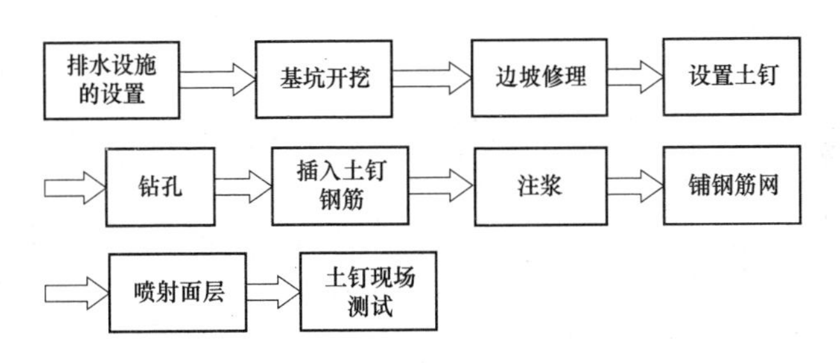

2. 施工工艺

（1）排水设施的设置。

1）水是土钉支护结构最为敏感的问题，不但要在施工前做好降排水工作，还要充分考虑土钉支护结构工作期间地表水及地下水的处理，设置排水构造措施。

2）基坑边有透水层或渗水土层时，混凝土面层上要做泄水孔，按间距 1.5～2.0m 均匀插设长 0.4～0.6m、直径 40mm 的塑料排水管，外管口略向下倾斜。

3）为了排除积聚在基坑内的渗水和雨水，应在坑底设置排水沟和集水井。排水沟应离开坡脚 0.5～1.0m，严防冲刷坡脚。排水沟和集水井宜采用砖砌并用砂浆抹面以防止渗漏。坑内积水应及时排除。

（2）基坑开挖。

1）基坑要按设计要求严格分段开挖，在完成上一层作业面土钉与喷射混凝土面达到设计强度的70%以前，不得进行下一层土层的开挖。每层开挖最大深度取决于在支护投入工作前土壁可以自稳而不发生滑移破坏的能力，实际工程中常取基坑每层挖深与土钉竖向间距相等。

2）每层开挖的水平分段也取决于土壁自稳能力，且与支护施工流程相互衔接，一般多为 10～20m 长。当基坑面积较大时，允许在距离基坑四周边坡 8～10m 的基坑中部自由开挖，但应注意与分层作业区的开挖相协调。

（3）边坡修理：为防止基坑边坡的裸露土体塌陷，对于易塌的土体可采取下列措施。

1）对修整后的边坡，立即喷上一层薄的混凝土，强度等级不宜低于 C20，凝结后再进行钻孔。

2）在作业面上先构筑钢筋网喷射混凝土面层，钢筋保护层厚度不宜小于 20mm，面层厚度不宜小于 80mm，而后进行钻孔和设置土钉。

3）在水平方向上分小段间隔开挖。

4）先将作业深度上的边壁做成斜坡，待钻孔并设置土钉后再清坡。

5）在开挖前，沿开挖面垂直击入钢筋或钢管，或注浆加固土体。

（4）设置土钉。

1）若土层地质条件较差时，在每步开挖后应尽快做好面层，即对修整后的边壁立即喷上一层薄混凝土或砂浆；若土质较好的话，可省去该道面层。

2）土钉设置（图 5–1）通常做法是先在土体上成孔，然后置入土钉钢筋并沿全长注浆，也可以采用专门设备将土钉钢筋击入土体。

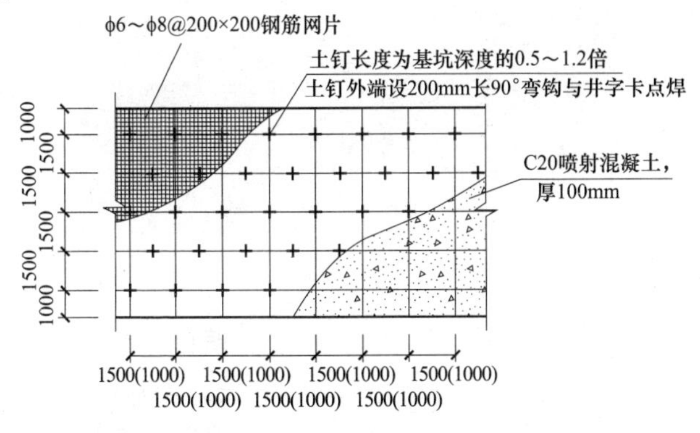

图 5–1　土钉设置示意图

（5）钻孔。

1）钻孔前应根据设计要求定出孔位并做出标记和编号，钻孔时要保证位置正确（上下左右及角度），防止高低参差不齐和相互交错。

2）钻进时要比设计深度多钻进 100～200mm，以防止孔深不够。

3）采用的机具应符合土层的特点，满足设计要求，在进钻和抽钻杆过程中不得引起土体塌孔。在易塌孔的土体中钻孔时宜采用套管成孔或挤压成孔。

（6）插入土钉钢筋（图 5–2）。

经验指导：插入土钉钢筋前要进行清孔检查，若孔中出现局部渗水、塌孔或掉落松土，应立即处理。土钉钢筋置入孔中前，要先在钢筋上安装对中定位支架，以保证钢筋处于孔位中心且注浆后其保护层厚度不小于 25mm。支架沿钉长的间距可为 2～3m，支架可为金属或塑料件，以不妨碍浆体自由流动为宜。

图 5–2　土钉墙现场施工

（7）注浆（图 5–3）。

图 5–3　土钉墙注浆

1）注浆材料宜选用水泥浆、水泥砂架。注浆用水泥砂装的水灰比不宜超过 0.4～0.45，当用水泥净浆时水灰比不宜超过 0.45～0.5，并宜加入适量的速凝剂等外加剂以促进早凝和控制泌水。

2）一般可采用重力、低压（0.4～0.6MPa）或高压（1～2MPa）注浆，水平孔应采用低压或高压注浆。压力注浆时应在孔口或规定位置设置止浆塞，注满后保持压力 3～5mm。重力注浆以满孔为止，但在浆体初凝前需补浆 1～2 次。

3）对于向下倾角的土钉，注浆采用重力或低压注浆时宜采用底部注装方式，注浆导管底端应插至距孔底250～500mm处，在注浆同时将导管匀速缓慢地撤出。注浆过程中注浆导管口应始终埋在浆体表面以下，以保证孔中气体能全部逸出。

4）注浆时要采取必要的排气措施。对于水平土钉的钻孔，应用孔口部压力注浆或分段压力注浆，此时需配排气管并与土钉钢筋绑扎牢固，在注浆前与土钉钢筋同时送入孔中。

（8）铺钢筋网。

1）在喷混凝土之前，先按设计要求绑扎、固定钢筋网。面层内钢筋网片应牢固固定在边壁上并符合设计规定的保护层厚度要求。钢筋网片可用插入土中的钢筋固定，但在喷射混凝土时不应出现振动。

2）钢筋网片可焊接或绑扎而成，网格允许偏差为±10mm。铺设钢筋网时每边的搭接长度应不小于一个网格边长或300mm，如为搭接焊则单面焊接长度不小于网片钢筋直径的10倍。网片与坡面间隙不小于20mm。

3）土钉与面层钢筋网的连接可通过垫片、螺母及土钉端部螺纹杆固定。垫片钢板厚8～10mm，尺寸为200mm×200mm～300mm×300mm。垫板下空隙需先用高强水泥砂浆填实，待砂浆达到一定强度后方可旋紧螺母以固定土钉。土钉钢筋也可通过井字加强钢筋直接焊接在钢筋网上等措施。

（9）喷射面层（图5–4）。

1）喷射混凝土的配合比应通过试验确定，粗骨料最大粒径不宜大于12mm，水灰比不宜大于0.45，并应通过外加剂来调节所需早强时间。当采用干法施工时，应事先对操作人员进行技术考核，以保证喷射混凝土的水灰比和质量达到设计要求。

图 5–4　土钉墙喷射混凝土

2）喷射混凝土前，应对机械设备、风、水管路和电路进行全面检查和试运转。喷射混凝土的路线可从壁面开挖层底部逐渐向上进行，但底部钢筋网搭接长度范围以内先不喷混凝土，待与下层钢筋网搭接绑扎之后再与下层壁面同时喷射混凝土。混凝土面接缝部分做成 45° 角斜面搭接。当设计层厚度超过 100mm 时，混凝土应分两次喷射，一次喷射厚度不宜小于 40mm，且接缝错开。混凝土接缝在继续喷射混凝土之前应清除浮浆碎屑，并喷少量水润湿。

3）面层喷射混凝土终凝后 2h 应喷水养护，养护时间宜在 3～7d，养护视当地环境条件可采用喷水、覆盖浇水或喷涂养护剂等方法。

3. 施工总结

（1）推送土钉主筋就位：土钉主筋应位于钻孔中心轴上，并保证推送过程中的钻孔壁不损坏，孔中无碎土泥浆堵塞。

（2）喷射混凝土：保证正确的配合比、水灰比及外加剂掺量比，并按实际操作规程进行养护。

（3）注浆：土钉一般采用压力注浆，注浆时一定要注满整个钉孔，以免减弱土钉的作用，影响土钉墙的稳定性。

二、拉锚护坡挡土墙组合

1. 工艺流程

工艺流程如下：

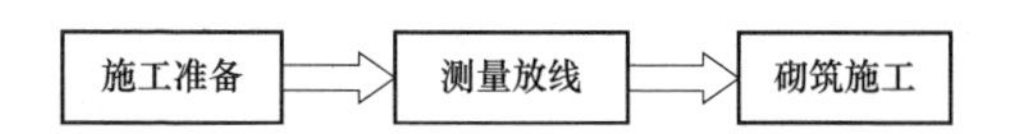

2. 施工工艺

此工艺适合深基坑现场场地有一定余量、对施工进度要求较高的情况。上部土钉墙可以提高施工速度，节省造价，同时又可以给外管线施工提供方便。土钉墙高度、锚杆直径、长度、锚固、预应力设计值、锁定值、桩径、桩间距等需经设计确定。桩间面层喷射 30～50mm 厚 C20 细石混凝土（图 5–5）。支护施工时需避开地下管线等障碍，距基坑上口线 5.0m 范围内严禁堆载重物。

图 5–5　喷射细石混凝土

3. 施工总结

墙背回填要均匀铺摊平整，并设不小于 3%的横坡逐层填筑。逐层夯实，严禁使用膨胀土和高塑性土，每层压实厚度不宜超过 20cm，根据碾压机具和填料性质应进行压实试验，确定填料分层厚度及碾压遍数，以正确地施工。

第二节　土方填筑与地下水位控制

一、填方土料的要求及土质的检验

1. 工艺流程

工艺流程如下：

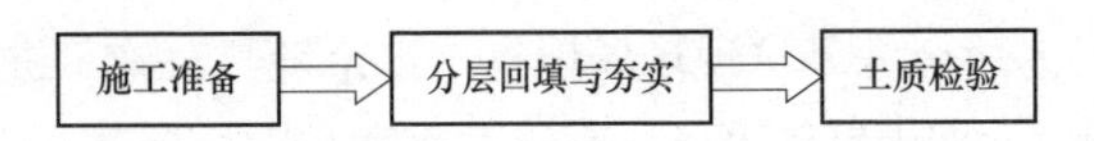

2. 施工工艺

（1）检验回填土的种类、粒径是否符合规定，清除回填土中草皮、垃圾、有机物等杂物。

（2）进行土料土工试验，内容主要包括液限、塑限、塑性指标、强度、含水量等项目，其检验方法、标准符合相应的规定。

（3）回填前对土料进行击实试验，以测定最大干密度、最佳含水量。

（4）当土的含水量过大时，应采取翻松、晒干、风干、换土回填、掺入干土或其他吸水性材料措施；如土料过干，则应预先洒水湿润。

3. 施工总结

以砾石、卵石或块石作填料时，分层夯实时其最大粒径不应大于 400mm；分层压实时，其最大粒径不应大于 200mm；碎块草皮和有机质含量大于 8%的土，仅用于无压实要求的填方。

二、降水井及观察井

1. 工艺流程

工艺流程如下：

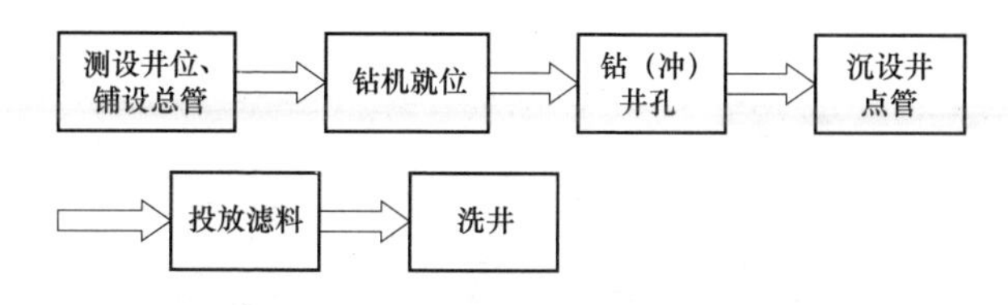

2. 施工工艺

（1）测设井位、铺设总管（图 5–6）。

图 5–6　井位及总管铺设

1）根据设计要求测设井位、铺设总管。为增加降深，集水总管平台应尽量放低，当低于地面时，应挖沟使集水总管平台标高符合要求，平台宽度为 1.0～1.5m。当地下水位降深小于 6m 时，宜用单级真空井点；当井深 6～12m 且场地条件允许时，宜用多级井点，井点平台的级差宜为 4～5m。

2）开挖排水沟；布置观测孔。观测孔应布置在基坑中部、边角部位和地下水的来水方向。

（2）钻机就位。

1）当采用长螺旋钻机成孔（图 5–7）时，钻机应安装在测设的孔位上，使其钻杆轴线垂直对准钻孔中心位置，孔位误差不得大于 150mm。使用双侧吊线坠的方法校正调整钻杆垂直度，钻杆倾斜度不得大于 1%。

图 5–7　螺旋钻机成孔

2）当采用水冲法成孔时，起重机安装在测设的孔位上，用高压胶管连接冲管与高压水泵，起吊冲管对准钻孔中心，冲管倾斜角度不得大于 1%。

（3）钻（冲）井孔。

1）对于不易产生塌孔缩孔的地层，可采用长螺旋钻机施工成孔，孔径为 300～400mm，孔深比井深大 0.5m。塌土冲孔需加套管。

2）对易产生塌孔缩孔的松软地层采用水冲法成孔时，使用起重设备将冲管起吊插入井点位置，开动高压水泵边冲边沉，同时将冲管上下左右摆动，以加剧土体松动。冲水压力根据土层的坚实程度确定：砂土层采用 0.5～1.25MPa；黏性土采用 0.25～1.50MPa。冲孔深度应低于井点管底 0.5m。冲孔达到预定深度后应立即降低水压，迅速拔出冲管，下入井点管，投放滤料，以防止孔壁坍塌。

（4）沉设井点管。沉设井点管应缓慢，保持井点管位于井孔正中位置，禁止剐蹭井壁和插入井底，发现有上述现象发生，应提出井点管对过滤器进行检查，合格后重新沉设。井点管应高于地面 300mm，管口应临时封闭以免杂物进入。

（5）投放滤料。

1）滤料应从井管四周均匀投放，保持井点管居中，并随时探测滤料深度，以免堵塞架空。滤料顶面距离地面应为 2m 左右。

2）向井点内投入的滤料数量，应大于计算值的 5%～15%，滤料填好后再用黏土封口。

（6）洗井。

1）清水循环法：可用集水总管连接供水水源和井点管，将清水通过井点管循环洗井，浑水从管外返出，水清后停止，立即用黏性土将管外环状间隙进行封闭以免塌孔。

2）空压机法：采用直径 20～25mm 的风管将压缩空气送入井点管底部过滤器位置，利用气体反循环的原理将滤料空隙中的泥浆洗出。宜采用洗、停间隔进行的方法洗井。

（7）连接、固定集水总管：井点管施工完成后应使用高压软管与集水总管连接，接口必须密封。各集水总管之间宜设置阀门，以便对井点管进行维修。各集水总管宜稍向管道水流下游方向倾斜，然后将集水总管进行固定。为减少压力损失，集水总管的标高应尽量降低。

（8）安装抽水机组（图 5–8）：抽水机组应稳固地设置在平整、坚实、无积水的地基上，水箱吸水口与集水总管处于同一高程。机组宜设置在集水总管中部，各接口必须密封。

（9）抽水：轻型井点管网安装完毕后，进行试抽。当抽水设备运转一切正常后，整个抽水管路无漏气现象，可以投入正式抽水作业。开机一周后，将形成地下降水漏斗，并趋向稳定，土方工程一般可在降水 10d 后开挖。

3. 施工总结

（1）井点系统应以单根集水总管为单位，围绕基坑布置。当井点环宽度超过 40m 时，可征得设计同意，在中部设置临时井点系统进行辅助降水。当井点环不能封闭时，应在开口部位向基坑外侧延长 1/2 井点环宽度作为保护段，以确保降水效果。

图 5–8　安装抽水机组

（2）井点位置应距坑边 2～2.5m，以防止井点设置影响边坑土坡的稳定性。

三、局部降水

1. 工艺流程

工艺流程如下：

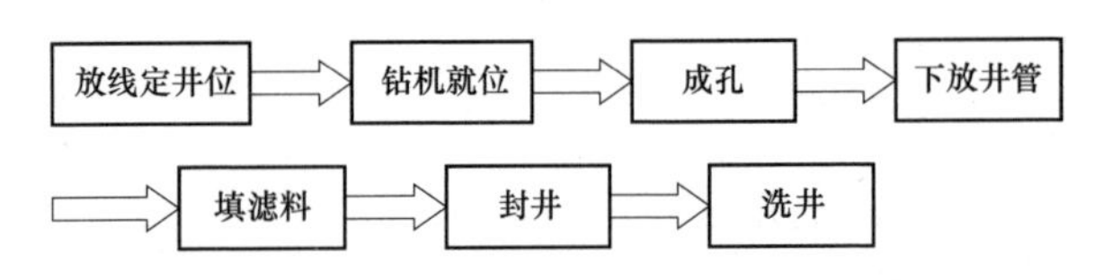

2. 施工工艺

（1）放线定井位：采用经纬仪及钢尺等进行定位放线。挖泥浆池、泥浆沟：泥浆池的位置可根据现场实际情况进行确定，但必须保证其离基坑开挖上口线的安全距离，确保其对后期基坑边坡的开挖及支护不会带来不良影响。

（2）钻机就位：采用反循环钻机进行施工，钻机中心位置尽量与所放的井位中心线相吻合，偏差不得超过 50mm；先对钻机进行垂直度校验，确保钻杆的垂直度符合要求，垂直偏差不得超过 5%。多台钻机同时施工时，钻机之间要有安全距离，进行跳打。

（3）成孔：以上各项准备就绪且均满足规定的要求后，即可进行井孔钻进施工，为保证洗完井后，井深满足设计的要求，可以根据情况适当加深。

（4）下放井管：井管为ϕ400 无沙砾石滤水管，底部 2m 作为沉淀用。在混凝土预制托底上放置井管，四周拴 10 号钢丝，缓缓下放，当管口与井口相差 200mm 时，接上节井管，接头处用玻璃丝布密封，以免挤入混砂淤塞井管，竖向用 4 条 30mm 宽竹条固定井管。为防止上下节错位，在下管前将井管立直。吊放井管要垂直，并保持在井孔中心。为防止雨水泥砂或异物流入井中，井管要高出地面 500mm，井口加盖。

（5）填滤料：井管下入后立即填入滤料。滤料采用水洗砂料，粒径为 2～6mm，含泥量＜5%，滤料沿井孔四周均匀填入，宜保持连续，将泥浆挤出井孔。填滤料时，应随填随测滤料填入高度，当填入量与理论计算量不一致时，及时查找原因，不得用装载机直接填料，应用铁锹或小车下料，以防不均匀或冲击井壁。

（6）井管四周用黏土封井：在离打井地面约 1.0m 范围内，采用黏土或杂填土填充密实。

（7）洗井：洗井采用空压气举法，成孔时尽量采用清水护壁，采用大功率的空压机洗井并下入优质的滤管滤料，这样才能保证最良好的透水性。洗井时要将井底泥砂吹净洗透洗出清水。

3. 施工总结

（1）井点使用时，基坑周围井点应对称、同时抽水，使水位差控制在要求的限度内。

（2）潜水泵在运行时应经常观测水位变化情况，检查电缆线是否和井壁相碰，以防磨损后水沿电缆芯渗入电动机内。同时，还必须定期检查密封的可靠性，以保证正常运转。

（3）采用沉井成孔法，在下沉过程中，应控制井位和井深垂直度偏差在允许范围内，使井管竖直准确就位。

第六章

地基与基础工程必备技能

第一节　地基处理施工

一、基土钎探

（1）施工员在人工打钎过程中需对其工艺流程重点掌握，以便日后根据其现场的实际情况合理地选择机具和人数进行施工（减少成本支出）。

（2）技术员在人工打钎过程中需对其施工工艺有所了解（编制专项施工方案），人工打钎过程中的常用参数和最后测得的数据应重点掌握（编制技术交底和配合土质检测单位进行土质检测分析）。

1. 工艺流程

工艺流程如下：

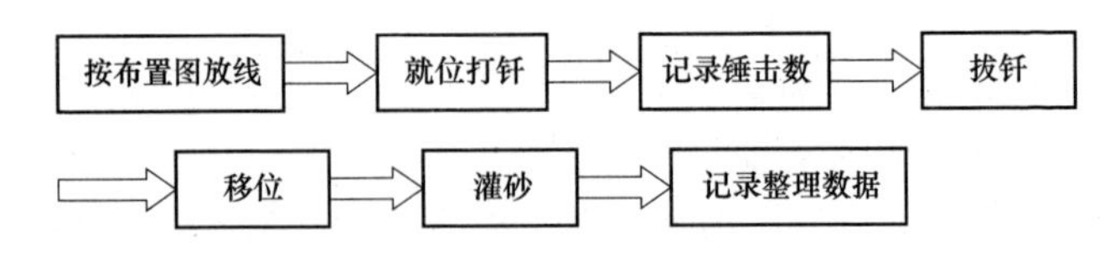

2. 施工工艺

（1）按布置图放线。按钎探孔位置平面布置图放线（图 6–1）：孔位钉上小木桩或撒上白灰点，并标注钎孔控制点序号。

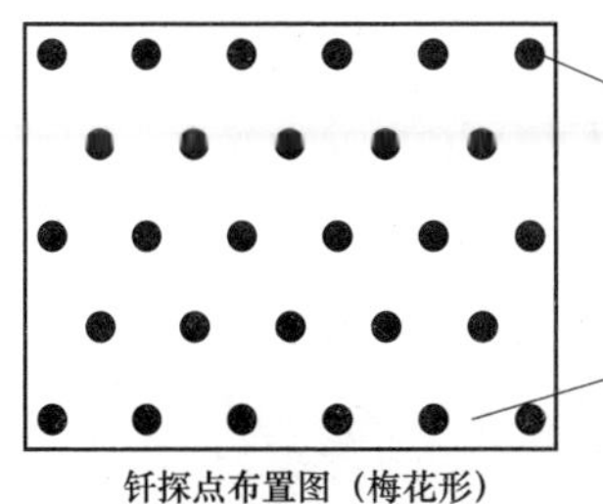

经验指导：打钎过程中为避免钎孔顺序混乱，应依次进行编号（可在钎孔上用砖覆盖，把编号写在上面），以便日后数据整理分析。
梅花形排列方式探孔间距1.5m、孔深2.1m。
钎探点布置图（梅花形）

图 6–1　钎探点布置图（梅花形）

（2）就位打钎。

1）人工打钎（图 6–2）。将钎尖对准孔位，一人扶正钢钎，一人站在操作凳子上，用大锤打钢钎的顶端；锤举高度一般为50～70cm，将钎垂直打入土层中。

施工小常识：打钎时常在钎杆上作出30cm的标识横线
钢钎：用直径 ϕ22～ϕ25的钢筋制成，钎头呈60°尖锥形状，钎长1.8～2.0m；8～10磅大锤

图 6–2　人工打钎

2）机械打钎（图 6–3）。将触探杆尖对准孔位，再把穿心锤套在钎杆上，扶正钎杆，拉起穿心锤，使其自由下落，落距为50cm，把触探杆垂直打入土层中。

（3）记录锤击数。钎杆每打入土层 30cm 时，记录一次锤击数，钎探施工质量验收见表 6–2。

（4）拔钎：用麻绳或钢丝将钎杆绑好，留出活套，套内插入撬棍或铁管，利用杠杆原理，将钎拔出。

（5）移位：将钎杆或触探器搬到下一孔位，继续打钎。

图 6–3　机械打钎

（6）灌砂（图 6–4）：打完的钎孔，经质检人员检查孔深与记录无误，报监理验收后，即可进行灌砂。

图 6–4　灌砂

经验指导：灌砂时，每填入 30cm 左右可用木棍或钢筋棒捣实一次。灌砂有两种形式：一种是每孔打完或几孔打完后及时灌砂；另一种是每天打完后，统一灌砂。

（7）记录整理数据（表 6–1）：按钎孔顺序编号，将锤击数填入统一表格内，再经过打钎人员、施工员和技术负责人签字后，经监理、勘察、设计人员验槽合格后归档。

表 6-1　　某工程钎探数据表

工程名称	钎探资料			钎探日期	2010 年　月　日		
自由落距	500mm	钎径	25mm		锤重	10kg	
锤击数 / 探点编号	钎探深度/m						
	0～0.3	0.3～0.6	0.6～0.9	0.9～1.2	1.2～1.5	1.5～1.8	1.8～2.1	2.1～2.4
第一排 43 号	23	26	28	28	Err:502	Err:502	Err:502	Err:502
44 号	18	28	30	25	Err:502	Err:502	Err:502	Err:502
45 号	21	26	29	27	Err:502	Err:502	Err:502	Err:502
46 号	19	24	31	24	Err:502	Err:502	Err:502	Err:502
47 号	20	27	27	24	Err:502	Err:502	Err:502	Err:502
第二排 47 号	20	26	25	24	Err:502	Err:502	Err:502	Err:502
46 号	22	28	27	27	Err:502	Err:502	Err:502	Err:502
45 号	17	25	29	30	23	Err:502	Err:502	Err:502
44 号	20	28	28	27	Err:502	Err:502	Err:502	Err:502
43 号	21	26	27	29	Err:502	Err:502	Err:502	Err:502
42 号	19	24	30	27	29	24	26	27
41 号	21	29	24	29	25	27	28	28
40 号	18	29	30	26	25	25	26	24
39 号	17	24	30	29	30	27	26	25

注：数据是电脑自动生成，表中“Err”表示为 0。

3. 常用数据

钎探施工质量验收常用数据见表 6-2。

表 6-2　　钎探施工质量验收　　（m）

排列方式	基槽宽度	检验深度	检验间距
中心一排	＜0.8	1.2	1.0～1.5（视地层复杂情况而定）
两排错开	0.8～2.0	1.5	
梅花型	＞2.0	2.1	

4. 施工总结

（1）将钎孔平面布置图上的钎孔与记录表上的钎孔先行对照，有无错误。发现错误及时修改或补打。

（2）打钎时应按照钎点顺序进行钎探或几列平行向一个方向施工，严禁从一点向四周扩散型打钎，这样不利于钎探记录的整理，而且极易发生漏打。

（3）在钎孔平面布置图上，注明过硬或过软的孔号位置，把枯井或坟墓等尺寸画上，以便监理、设计勘察人员或有关部门验槽时分析处理。

二、灰土地基施工

1. 工艺流程

工艺流程如下：

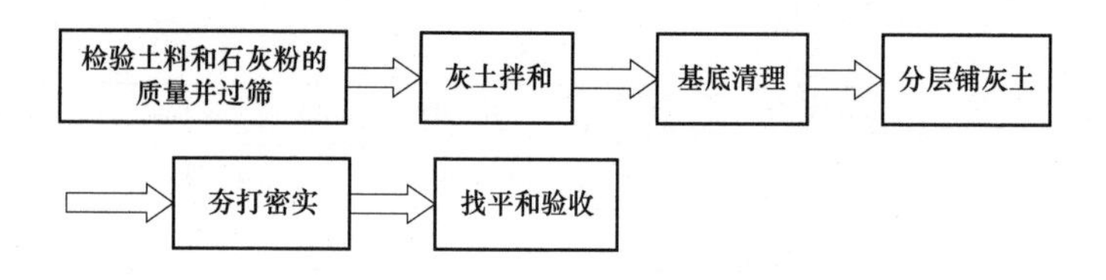

2. 施工工艺

（1）检验土料和石灰粉的质量并过筛。检查土料和石灰粉的材料质量是否符合标准的要求；然后分别过筛。需控制消石灰粒径应≤5mm，土颗粒粒径应≤15mm。

（2）灰土拌和。

1）灰土的配合比应按设计要求，常用配比为3:7或2:8（消石灰:黏性土体积比）。灰土必须过斗，严格控制配合比。拌和时必须均匀一致，至少翻拌3次，拌和好的灰土颜色应一致，且应随用随拌。

2）灰土施工时，应适当控制含水量。工地检验方法是：用手将灰土紧握成团，两指轻捏即碎为宜。如土料水分过大或不足时，应翻松晾晒或洒水润湿，其含水量控制在±2%范围内。

（3）基底清理。基坑（槽）底基土表面应将虚土、杂物清理干净，并打两遍底夯，局部有软弱土层或孔洞时应及时挖除，然后用灰土分层回填夯实，如图 6–5 所示。

图 6–5 灰土分层回填

（4）分层铺灰土（图 6–6）。

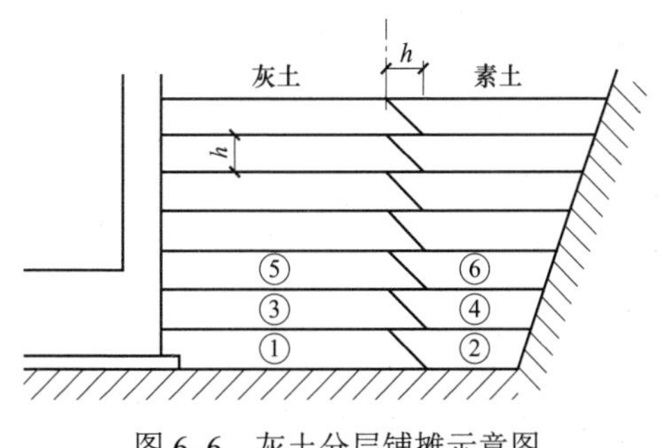

图 6–6 灰土分层铺摊示意图

1）各层虚铺都用木耙找平，参照高程标志用尺或标准杆对应检查。

2）每层的灰土铺摊厚度，可根据不同的施工方法，按表 6–3 选用。

表 6–3　　　　　　　　灰土最大虚铺厚度

项次	夯具的种类	质量/kg	虚铺厚度/mm	夯实厚度/mm	备注
1	人力夯	40～80	200～250	120～150	人力打夯，落高400～500mm
2	轻型夯实工具	120～400	200～250	120～150	蛙式打夯机、柴油打夯机
3	压路机	机重 6～10t	200～300		双轮

（5）夯打密实。

1）夯压的遍数应根据现场试验确定，一般不少于 4 遍。若采用人力夯或轻型夯实工具应一夯压半夯，夯夯相连，行行相接，纵横交叉。若采用机械碾压，应控制机械碾压速度。对于机械碾压不能到位的边角部位须补以人工夯实。每层夯压后都应按规定用环刀取样送检，分层取样试验，符合要求后方可进行上层施工。

2）留接槎规定：灰土分段施工时，不得在墙角、柱基及承重窗间墙下接槎，上下两层灰土的接槎距离不得小于 500mm。铺灰时应从留槎处多铺 500mm，夯实时夯过接槎缝 300mm 以上，接槎时用铁锹在留槎处垂直切齐。当灰土基础标高不同时，应做成阶梯形。阶梯按照长:高=2:1 的比例设置。

（6）找平和验收：灰土最上一层完成后，应拉线或用靠尺检查标高和平整度。高的地方用铁锹铲平，低的地方补打灰土，然后请质量检查人员验收。

3. 施工总结

（1）应按要求测定干土质量密度：灰土施工时，每层都应测定夯实后的干土质量密度，检验其密实度，符合要求后才能铺摊上层的灰土。密实度未达到设计要求的部位，均应处理并进行复验。

（2）灰土施工中，夯实应均匀，表面应平整，以免因地面混凝土垫层过厚或过薄，造成地面开裂或空鼓。管道下部应注意夯实，不得漏夯，以免造成管道下部空虚使管道弯折。

（3）对大面积施工，应考虑夯压顺序的影响，一般宜采用先外后内，先周边后中部的夯压顺序，并宜优先选用机械碾压。

三、级配砂石地基施工

1. 工艺流程

工艺流程如下：

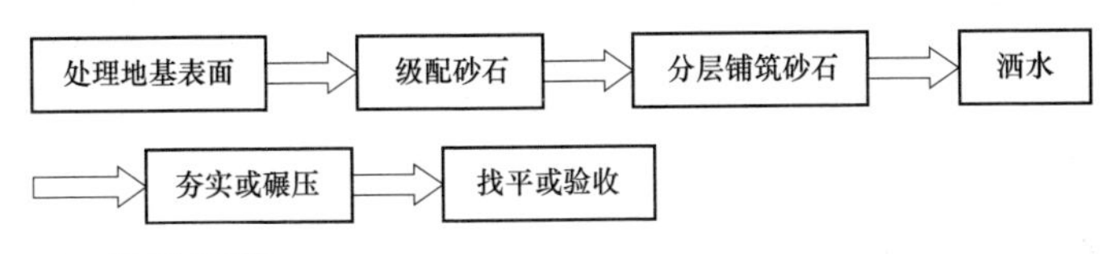

2. 施工工艺

（1）处理地基表面。

1）将地基表面的浮土和杂质清除干净，平整地基，并妥善保护基坑边坡，防止坍土混入砂石垫层中。

2）基坑（槽）附近如有低于基底标高的孔洞、沟、井、墓穴等，应在未填砂石前按设计要求先行处理。对旧河暗沟应妥善处理，旧池塘回填前应将池底浮泥清除。

（2）级配砂石。用人工级配砂石，应将砂石拌和均匀，达到设计要求，并控制材料含水量，其含水量见表 6–4。

（3）分层铺筑砂石（图 6–7）。

图 6–7　砂石分层铺设

1）砂和砂石地基应分层铺设，分层夯压密实。

2）铺筑砂石的每层厚度，一般为 150～250mm，不宜超过 300mm，分层厚度可用样桩控制。如坑底土质较软弱时，第一分层砂石虚铺厚度可酌情增加，增加厚度不计入垫层设计厚度内。如基底土结构性很强时，在垫层最下层宜先铺设 150～200mm 厚松砂，用木夯仔细夯实。

3）砂和砂石地基底面宜铺设在同一标高上，如深度不同时，搭接处基土面应挖成踏步或斜坡形，施工应按先深后浅的顺序进行。搭接处应注意压实。

4）分段施工时，接槎处应做成斜坡，每层接槎处的水平距离应错开 0.5～1.0m，应充分压实，并酌情增加质量检查点。

（4）洒水：铺筑级配砂石在夯实碾压前，应根据其干湿程度和气候条件，适当地洒水以保持砂石的最佳含水量，一般为 8%～12%。

（5）夯实或碾压。视不同条件，可选用夯实或压实的方法。大面积的砂石垫层，宜采用 6～10t 的压路机碾压，边角不到位处可用人力夯或蛙式打夯机夯实。夯实或碾压的遍数根据要求的密实度由现场试验确定。用木夯（落距应保持为 400～500mm），蛙式打夯机时，要一夯压半夯，行行相接，全面夯实，一般不少于 3 遍。采用压路机往复碾压，一般碾压不少于 4 遍，其轮距搭接不小于 500mm。边缘和转角处应用人工或蛙式打夯机补夯密实，见表 6–4。

表 6–4　　夯压施工方法

项次	压实方法	虚铺厚度/mm	含水量（%）	施工说明
1	夯实法	200～250	8～12	用蛙式夯夯实至要求的密实度，一夯压半夯，全面夯实
2	碾压法	200～300	8～12	用 6～10t 的平碾往复碾压密实，平碾行驶速度可控制在 24km/h，碾压次数以达到要求的密实度为准，一般不少于 4 遍

（6）找平和验收。

1）施工时应分层找平，夯压密实，压实后的干密度按灌砂法测定，也可参照灌砂法用标准砂体积置换法测定。检查结果应满足设计要求的控制值。下层密实度经检验合格后方可进行上层施工。

2）最后一层夯压密实后，表面应拉线找平，并符合设计规定的标高。

3. 施工总结

（1）应合理安排施工顺序，避免出现：

1）大面积下沉：主要是未按质量要求施工，分层过厚、碾压遍数不够、洒水不足等；

2）局部下沉：边缘和转角处夯打不实，留接槎未按规定搭接和夯实。

3）级配不良：应配专人及时处理砂窝、石堆等问题，做到砂石级配良好。

（2）在地下水位以下的砂石地基，其最下层的铺筑厚度可适当增加50mm。

（3）密实度不符合要求：坚持分层检查砂石地基的质量，每层的纯砂检查点的干砂质量密度必须符合规定，否则不能进行上一层的砂石施工。

（4）石垫层厚度不宜小于100mm，不得使用冻结的天然砂石。

四、粉煤灰地基施工

1. 工艺流程

工艺流程如下：

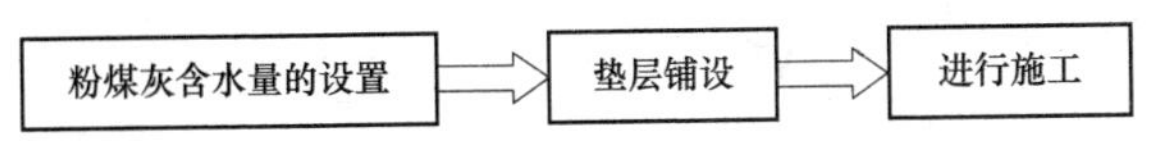

2. 施工工艺

（1）粉煤灰含水量的设置。粉煤灰铺设含水率应控制在最优含水量范围内；如含水量过大时，需铺摊晒干再碾压。粉煤灰铺设后，应于当天压完；如压实时含水量过小呈现松散状态，则应洒水湿润再压实，洒水的水质不得含有油质，pH 值应为 6～9。

（2）垫层铺设（图 6–8）：垫层应分层铺设与碾压，用机械夯铺设厚度为 200～300mm。

图 6–8　垫层铺设

3. 施工总结

在软弱地基上填筑粉煤灰垫层时，应先铺设 200mm 的中、粗砂或高炉干渣，以免下卧软土层表面受到扰动，同时有利于下卧软土层的排水固结，并切断毛细水的上升。

第二节　桩基础工程

一、混凝土预制桩施工

1. 工艺流程

工艺流程如下：

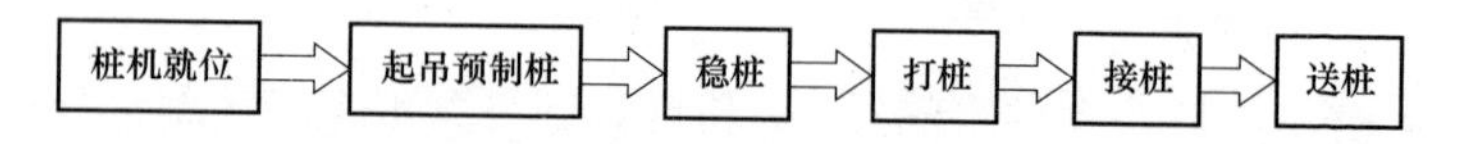

2. 施工工艺

（1）桩机就位。打桩机就位时，应对准桩位，保证垂直、稳定，确保在施工中不发生倾斜、移位。在打桩前，用 2 台经纬仪对打桩机进行垂直度调整，使导杆垂直，或达到符合设计要求的角度。

（2）起吊预制桩（图 6–9）。先拴好吊桩用的钢丝绳和索具，然后应用索具捆绑在桩上端吊环附近处，一般不宜超过 300mm，再启动机器起吊预制桩，使桩尖垂直或按设计要求的斜角准确地对准预定的桩位中心，缓缓放下插入土中，位置要准确，再在桩顶扣好桩帽或桩箍，即可除去索具。

（3）稳桩。桩尖插入桩位后，先用较小落距轻锤 1～2 次，桩入土一定深度，再调整桩锤、桩帽、桩垫及打桩机导杆，使之与打入方向成一直线，并使桩稳定。10m 以内短桩可用线坠双向校正；10m 以上或打接桩必须经纬仪双向校正，不得用目测。打斜桩时必须用角度仪测定、校正角度。观测仪器应设在不受打桩机移动及打桩作业影响的地点，并经常与打桩机成直角移动。桩插入土时垂度偏差不得超过 0.5%。

（4）打桩（图 6–10）。

图 6–9　起吊预制桩

图 6–10　现场打桩

1）用落锤或单动汽锤打桩时，锤的最大落距不宜超过 1m；用柴油锤打桩时，应使锤跳动正常。

2）打桩宜重锤低击，锤重的选择应根据工程地质条件、桩的类型、结构、密集程度及施工条件来选用。

3）打桩顺序根据基础的设计标高，先深后浅；依桩的规格先大后小，先长后短。由于桩的密集程度不同，可由中间向两个方向对称进行或向四周进行，也可由一侧向单一方向进行。

4）打入初期应缓慢地间断地试打，在确认桩中心位置及角度无误后再转入正常施打。

5）打桩期间应经常校核检查桩机导杆的垂直度或设计角度。

（5）接桩（图 6–11）。

图 6–11　接桩施工

1）在桩长不够的情况下，采用焊接或浆锚法接桩。

2）接桩前应先检查下节桩的顶部，如有损伤应适当修复，并清除两桩端的污染和杂物等。如下节桩头部严重破坏时应补打桩。

3）焊接时，其预埋件表面应清洁，上下节之间的间隙应用铁片垫实焊牢。施焊时，先将四角点焊固定，然后对称焊接，并应采取措施，减少焊缝变形，焊缝应连续焊满，0℃以下时须停止焊接作业，否则需采取预热措施。

4）浆锚法接桩时，接头间隙内应填满熔化了的硫黄胶泥，硫黄胶泥温度控制在145℃左右。接桩后应停歇至少7min后才能继续打桩。

5）接桩时，一般在距地面1m左右时进行。上下节桩的中心线偏差不得大于5mm，节点弯曲矢高不得大于1/1000桩长。

（6）送桩。设计要求送桩时，送桩的中心线应与桩身吻合一致方能进行送桩。送桩下端宜设置桩垫，要求厚薄均匀。若桩顶不平可用麻袋或厚纸垫平。送桩留下的桩孔应立即回填密实。

3. 施工总结

（1）预制桩必须提前定制，打桩时预制桩强度必须达到设计强度的100%，锤击预制桩，宜采取强度与龄期双控制。蒸养养护时，蒸养后应增加自然养护期1个月后方准施打。

（2）桩身断裂。由于桩身弯曲过大、强度不足及地下有障碍物等原因造成，或桩在堆放、起吊、运输过程中产生的断裂没有发现而致。

（3）桩顶破碎。由于桩顶强度不够及钢筋网片不足、主筋距桩顶太小或桩顶不平、施工机具选择不当等原因造成。

（4）桩身移位或倾斜。由于场地不平，打桩机底盘不水平或稳桩不垂直，桩尖在地下遇见硬物，桩尖偏斜或桩体弯曲，桩体压曲破坏，打桩顺序不合理，接桩位置不正等原因造成。

（5）接桩处拉脱开裂。由于连接处表面不干净，连接铁件不平，焊接质量不符合要求，硫黄胶泥接桩时配合比不适，温度控制不当，熬制操作不当等造成硫黄胶泥达不到设计强度要求，接桩上下中心线不在同一条直线上等造成。

二、人工挖孔灌注桩施工

1. 工艺流程

工艺流程如下：

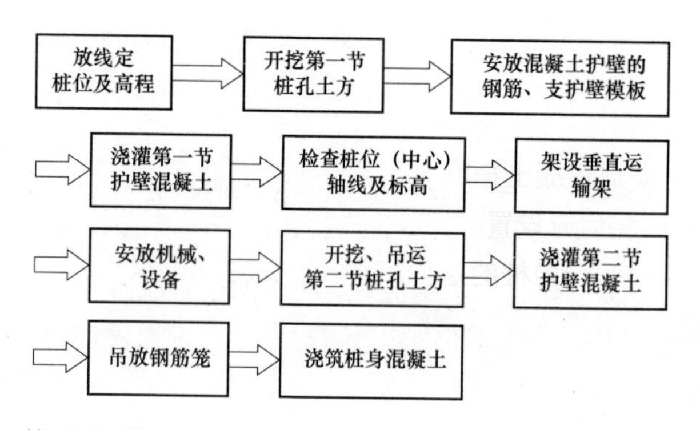

2. 施工工艺

（1）放线定桩位及高程。在场地三通一平的基础上，依据建筑物测量控制网的资料和基础平面布置图，测定桩位轴线方格控制网和高程基准点。确定好桩位中心，以中点为圆心，以桩身半径加护壁厚度为半径划出上部（第一节）的圆周。撒石灰线作为桩孔开挖尺寸线。并沿桩中心位置向桩孔外引出 4 个桩中轴线控制点，用牢固木桩标定。桩位线定好之后，必须经有关部门复查，办好预验手续后开挖。

（2）开挖第一节桩孔土方（图 6–12），由人工开挖从上到下逐层进行，先挖中间部分的土方，然后扩及周边，有效控制开挖截面尺寸。每节的高度应根据土质好坏及操作条件而定，一般

图 6–12　开挖第一节桩孔土方

以 0. 9～1.2m 为宜。开孔完成后进行一次全面测量校核工作，对孔径、桩位中心检测无误后进行支护。

（3）安放混凝土护壁的钢筋、支护壁模板。

1）成孔后应设置井圈，宜优先采用现浇钢筋混凝土井圈护壁（图 6–13）。当桩的直径不大，深度小、土质好、地下水位低的情况下也可以采用素混凝土护壁。护壁的厚度应根据井圈材料、性能、刚度、稳定性、操作方便、构造简单等要求，并按受力状况，以及所承受的土侧压力和地下水侧压力，通过计算来确定。

图 6–13 混凝土护壁

2）土质较好的小直径桩护壁可不放钢筋，但当设计要求放置钢筋或挖土遇软弱土层需加设钢筋时，桩孔挖土完毕并经验收合格后，安放钢筋，然后安装护壁模板。护壁中水平环向钢筋不宜太多，竖向钢筋端部宜弯成 U 形钩并打入挖土面以下 100～200mm，以便与下一节护壁中钢筋相连接。

3）护壁模板用薄钢板，圆钢、角钢拼装焊接成弧形工具式内钢模每节分成 4 块，大直径桩也可分成 5～8 块，或用组合式钢模板预制拼装而成。采取拆上节、支下节的方式重复周转使用。模板之间用卡具、扣件连接固定，也可以在每节模板的上下端各设一道用槽钢或角钢做成的圆弧形内钢圈作为内侧支撑，防止内模变形。为方便操作不设水平支撑。

4）第一节护壁以高出地坪 150～200mm 为宜，护壁厚度按设计计算确定，一般取 100～150mm。第一节护壁应比下面的护壁厚 50～100mm，一般取 150～250mm。护壁中心应与桩位中心重合，偏差不大于 20mm，且任何方向二正交直径偏差不大于 50mm，桩孔垂直度偏差不大于 0.5%。符合要求后可用木楔稳定模板。

（4）浇灌第一节护壁混凝土（图 6–14）。

图 6–14　浇灌第一节护壁混凝土

1）桩孔挖完第一节后应立即浇灌护壁混凝土，人工浇灌，人工捣实，不宜用振动棒。混凝土强度一般为 C20，坍落度控制在 70～100mm。

2）第一节护壁筑成后，将桩孔中轴线控制点引回到护壁上，并进一步复核无误后，作为确定地下和节护壁中心的基准点，同时用水准仪把相对水准标高标定在第一节孔圈护壁上。

（5）检查桩位（中心）轴线及标高：每节的护壁做好以后，必须将桩位十字轴线和标高测设在护壁上口，然后用十字线对中，吊线坠向井底投设，以半径尺杆检查孔壁的垂直平整度，随之进行修整。井深必须以基准点为依据，逐根进行引测，保证桩孔轴线位置、标高、截面尺寸满足设计要求。

（6）架设垂直运输架：第一节桩孔成孔以后，即着手在孔上口架设垂直运输支架，支架有三木搭、钢管吊架或木吊架、工字钢导轨支架，要求搭设稳定、牢固。

（7）安装电动葫芦或卷扬机：浅桩和小型桩孔也可以用木吊架、木辘或人工直接借助粗麻绳作提升工具。地面运土用翻斗车、手推车。

（8）安装吊桶、照明、活动安全盖板、水泵、通风机。

1）在安装滑轮组及吊桶时，注意使吊桶与桩孔中心位置重合，挖土时直观上控制桩位中心和护壁支模中心线。

2）井底照明必须用低压电源（36V，100W），防水带罩安全灯具。井上口设护栏。电缆分段与护壁固定，长度适中，防止与吊桶相碰。

3）当井深大于 5m 时应有井下通风，加强井下空气对流，必要时送氧气，密切注视，防止有毒气体的危害。操作时上下人员轮换作业，互相呼应，井上人员随时观察井下人员情况，切实预防发生人身安全事故。

（9）开挖吊运第二节桩孔土方（修边）：从第二节开始，利用提升设备运土，井下人员应戴好安全帽，井上人员拴好安全带，井口架设护栏，吊桶离开井上口 1m 时推动活动盖板，掩蔽井口，防止卸土时土块、石块等杂物坠落井内伤人。吊桶在小推车内卸土后（也可以用工字钢导轨将吊桶移出向翻斗车内卸土）再打开井盖，下放吊桶装土。

（10）第二节护壁支护模板：安放附加钢筋，并与上节预留的竖向钢筋连接，拆除第一节护壁模板，支护第二节。护壁模板采用拆上节支下节依次周转使用。使上节护壁的下部嵌入下节护壁的上部混凝土中，上下搭接 50～75mm。桩孔检测复核无误后绕灌护壁混凝土。

（11）浇灌第二节护壁混凝土：混凝土用吊桶送来，人工浇灌、人工振捣密实，混凝土掺入早强剂由试验确定。

（12）检查桩位（中心）轴线及标高：以井上口的定位线为依据，逐节投测、修整。

（13）吊放钢筋笼（图 6–15）。

图 6–15　吊放钢筋笼

1）按设计要求对钢筋笼进行验收，检查钢筋种类、间距、焊接质量、钢筋笼直径、长度及保护块（卡）的安置情况，填写验收记录。

2）钢筋笼用起重机吊起，沉入桩孔就位。用挂钩钩住钢筋笼最上面的一根加强箍，用槽钢作横担，将钢筋重吊挂在井壁上口，以自重保持骨架的垂直，控制好钢筋笼的标高及保护层的厚度。起吊时防止钢筋笼变形，注意不得碰撞孔壁。

（14）浇筑桩身混凝土（图 6–16）。

图 6–16　浇筑桩身混凝土

1）桩身混凝土宜使用设计要求强度等级的预拌混凝土，浇灌前应检测其坍落度，并按规定每根桩至少留置一组试块。用溜槽加串桶向井内浇筑，混凝土的落差不大于 2m，如用泵送混凝土时，可直接将混凝土泵出料口移入孔内投料。桩孔深度超过 12m 时宜采用混凝土导管连续分层浇筑，振捣密实。一般浇灌到扩底部的顶面。振捣密实后继续浇筑以上部分。

2）桩直径小于 1.2m、深度达 6m 以下部位的混凝土可利用混凝土自重下落的冲力，再适当辅以人工插捣使之密实。其余 6m 以上部分再分层浇灌振捣密实。大直径桩要认真分层逐次浇灌捣实，振捣棒的长度不可及部分，采用人工铁管、钢筋棍插捣。浇灌直至桩顶。将表面压实、抹平。桩顶标高及浮浆处理应符合要求。

3. 施工总结

（1）垂直偏差大：桩孔垂直度超偏差，由于开挖过程未按每挖一节即吊线坠核查桩井的垂直度，致使挖完以后垂直度超偏差。必须每挖完一节即根据井上口护壁上的轴线中心线吊线坠，用尺杆测定修边，使井壁圆弧保持上下顺直。

（2）孔壁坍塌：因桩位土质不好，或地下水渗出造成孔壁土体坍落，开挖前应掌握现场土质情况，错开桩位开挖，随时观察土体松动情况，必要时可在坍塌处用砌砖封堵，操作进程要紧凑，不留间隔空隙，避免塌孔。

（3）井底残留虚土太多：成孔、修边以后有大量虚土存积在井底，未认真清除，扩大头斜面土体坍落。挖到规定深度以后，除认真清除虚土外，放好钢筋笼之后再检查一次，必须将孔底的虚土清除干净，必要时用水泥砂浆或混凝土封底。

（4）混凝土振捣不实：由于桩身混凝土浇灌、振捣操作条件具有一定难度，未采取有效的辅助振捣措施，造成桩身混凝土松散不实，空洞、缩颈、夹土等现象。应在混凝土浇灌、振捣操作前进行技术交底，坚持分层浇注、分层振捣、连续作业。分层浇筑厚度以一节护壁的高度为宜，必要时用铁管、竹竿、钢筋钎人工辅助插捣，以补充机械振捣的不足。

第七章

地基与基础工程提升技能

第一节 桩基础工程

一、静压力桩施工

1. 工艺流程

工艺流程如下：

2. 施工工艺

（1）检查有关动力设备及电源等，防止压桩中途间断施工，确认无误后，即可正式压桩。压桩是通过主机的压桩油缸伸程之力将桩压入土中，压桩油缸的最大行程视不同的压装机而有所不同，一般1.5～2.0m。所以每一次下压，桩的入土深度为1.5～2.0m，然后松夹—上升—再夹—再压，如此反复，直至将一节桩压入土中。当一节桩压至离地面0.8～1m时，可进行接桩或放入送桩器将桩压至设计标高。

（2）压桩（图7–1）过程中，桩帽、桩身和送桩的中心线应重合，应经常观察压力表，控制压桩阻力，调节桩机静力同步平衡，勿使偏心。

1）检查压梁导轮和导笼的接触是否正常，防止卡住，并详细做好静压力桩工艺施工记录。桩在沉入时的侧面设置标尺，根据静压桩机每一次的行程，记录压力变化情况。

图 7–1 压桩

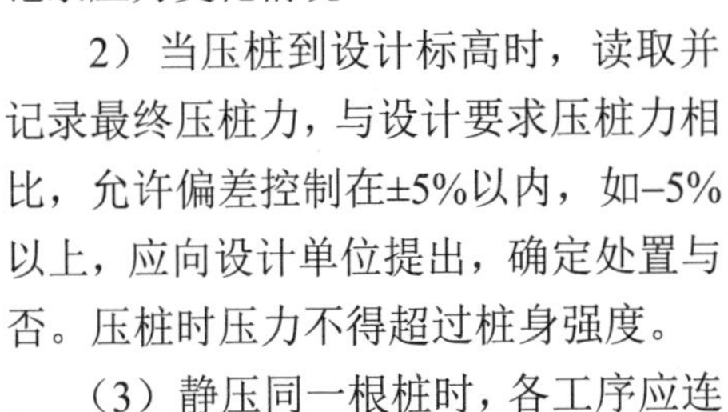

2）当压桩到设计标高时，读取并记录最终压桩力，与设计要求压桩力相比，允许偏差控制在±5%以内，如–5%以上，应向设计单位提出，确定处置与否。压桩时压力不得超过桩身强度。

（3）静压同一根桩时，各工序应连续施工，并做好压桩施工记录。

（4）压桩顺序：应根据地形、土质和桩布置的密度决定。通常定压桩顺序的基本原则如下述。

根据桩的密集程度及周围建（构）筑物的情况，按水流法分区考虑打桩顺序。

1）桩较密集，且距周围建（构）筑物较远、施工场地较开阔时，宜从中间向四周进行。

2）桩较密集、场地狭长、两端距建（构）筑物较远时，宜从中间向两端进行。

3）桩基较密，且一侧靠近建（构）筑物时，宜从毗邻建筑物的一侧开始由近及远地进行。

4）根据基础的设计标高，宜先深后浅。

5）根据桩的规格，宜先大后小、先长后短。

6）根据高层建筑主楼（高层）与裙房（底层）的关系，宜先高后低。

7）根据桩的分部状况，宜先群桩后单桩。

8）根据桩的打入精度要求，宜先低后高。

（5）压桩应连续进行，防止因压桩中断而引起间歇后压桩阻力过大，发生压不下去的现象。如果压桩过程中确实需要间歇，则应考虑将桩尖间歇在软土层中，以便启动阻力不致过大。

（6）压桩过程中，当桩尖碰到砂层而压不下去时，应以最大压力压桩，忽停忽开，使桩有可能缓缓下沉穿过砂夹层，如桩尖遇到其他硬物，应及时处理后方可再压。

3. 施工总结

（1）应避免桩尖接近硬持力层或桩尖处于硬持力层中接桩。

（2）采用焊接接桩时，应先将四周点焊固定，然后对称焊接，并确保焊缝质量和设计尺寸。焊材材质（钢板、焊条）均应符合设计要求，焊接件应做好防腐处理。焊接接桩，其预埋件表面应清洁，上下节之间的间隙应有钢片垫实，焊牢接桩时，一般在距地面 1m 左右，上下节的中心线偏差不大于 10mm，节点弯曲矢高偏差不大于 1%桩长。

二、先张法施工

1. 工艺流程

工艺流程如下：

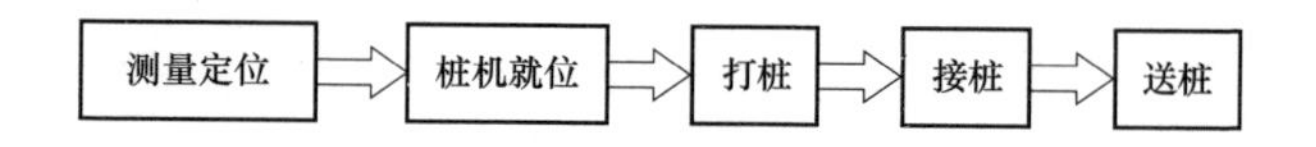

2. 施工工艺

（1）先张法预应力管桩工程测量定位。

1）根据设计图纸编制工程桩测量定位图，并保证轴线控制点不受打桩时振动和挤土的影响，保证控制点的准确性。

2）根据实际打桩线路图，按施工区域划分测量定位控制网，一般 1 个区域内根据每天施工进度放样 10～20 根桩位，在桩位中心点地面上打入 1 支ϕ6.5 长 30～40cm 的钢筋，并用红油漆标示。

3）桩机移位后，应进行第 2 次核样，核样根据轴线控制网点所标示工程桩位坐标点（x，y），采用极坐标法进行核样，保证工程桩位偏差值小于 10mm，并以工程桩位点为中心，用白灰按桩径大小画 1 个圆圈，以方便插桩和对中。

4）工程桩在施工前，应根据施工桩长在匹配的工程桩身上画出一以“m”为单位的长度标记，并按从下至上的顺序标明桩的长度，以便观察桩入土深度及记录每米沉桩锤击数。

（2）先张法预应力管桩工程桩机就位（图 7–2）。

图 7–2　桩机就位

1）为保证打桩机下地表土受力均匀，防止不均匀沉降，保证打桩机施工安全，采用 2～3cm 厚的钢板铺设在桩机履带下，钢板宽度比桩机宽 2m 左右，保证桩机行走和打桩的稳定性。

2）根据打桩机桩架下端的角度计初调桩架的垂直度，并用线坠由桩帽中心点吊线与地上桩位点初对中。

（3）打桩。

1）打第一节桩时必须采用桩锤自重或冷锤（不能挂挡）将桩徐徐打入，直至管桩沉到某一深度不动为止，同时用仪器观察管桩的中心位置和角度，确认无误后，再转为正常施打，必要时，应拔出重插，直至满足设计要求。

2）正常打桩应采用重锤低击。

（4）接桩（图 7–3）。

图 7–3　接桩施工

1）焊接时应由 3 个电焊工在成 120° 的方向同时施焊，先在坡口圆周上对称电焊 4～6 点，待上下桩节固定后拆除导向箍再分层施焊，每层焊接厚度应均匀。

2）焊接层数不少于 3 层，采用普通交流焊机的手工焊接时第 1 层必须用 ϕ3.2 电焊条打底，确保根部焊透，第 2 层方可用粗电焊条（ϕ4 或 ϕ5）施焊；采用自动及半自动保护焊机的应按相应规程分层连续完成。

3）焊接完成后，需自然冷却不少于 1min 后方可继续锤击。夏期施工温度较高，可采用鼓风机送风，加速冷却，严禁用水冷却或焊好即打。

4）对于抗拔及高承台桩，其接头焊缝外露部分应做防锈处理。

（5）送桩。

1）根据设计桩长接桩完成并正常施打后，应根据设计及试打桩时确定的各项指标来控制是否采取送桩。

2）送桩前在送桩器上以“m”为单位，并按从下至上的顺序标明长度，由打桩机主卷扬吊钩采用单点吊法将送桩器喂入桩帽。

3. 施工总结

（1）当管桩需接长时，接头个数不应超过 3 个且尽量避免桩尖落在厚黏性土层中接桩。

（2）下节桩的桩头处应设导向箍以方便上节桩就位，接桩时上下节桩应保持顺直，中心线偏差不应大于 2mm，节点弯曲矢高偏差不大于 1‰桩长。

（3）送桩前应保证桩锤的导向脚不伸出导杆末端，管桩露出地面高度应控制在 0.3～0.5m。

第二节 浅基础工程

一、条形基础施工

1. 工艺流程

工艺流程如下：

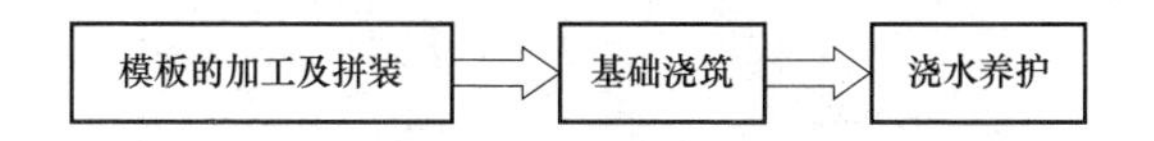

2. 施工工艺

（1）基础模板一般由侧板、斜撑、平撑组成（图 7–4）。

经验指导：基础模板安装时，先在基槽底弹出基础边线，再把侧板对准边线垂直竖立，校正调平无误后，用斜撑和平撑钉牢。如基础较大，可先立基础两端的侧板，校正后在侧板上口拉通线，依照通线再立中间的侧板。当侧板高度大于基础台阶高度时，可在侧板内侧按台阶高度弹准线，并每隔 2m 左右准线上钉圆顶，作为浇捣混凝土的标志。每隔一定距离左侧板上口钉上搭头木，防止模板变形。

（2）基础浇筑（图 7–5）分段分层连续进行，一般不留施工缝。各段各层间相互衔接，每段长 2～3m，逐段逐层呈阶梯形推进，注意先使混凝土充满模板边角，然后浇筑中间部分，以保证混凝土密实。

图 7–4 条形基础模板的组成

图 7–5　条形基础混凝土浇筑

（3）当条形基础长度较大时，应考虑在适当的部位留置贯通后浇带，以避免出现温度收缩裂缝和便于进行施工分段流水作业；对超厚的条形基础，应考虑较低水泥水化热和浇筑入模的湿度措施，以免出现过大温度收缩应力，导致基础底板裂缝。

（4）基础浇筑完毕，表面应覆盖和洒水养护，不少于 14d，必要时应用保温养护措施，并防止浸泡地基。

3. 施工总结

（1）地基开挖如有地下水，应用人工降低地下水位至基坑底 50cm 以下部位，保持在污水的情况下进行土方开挖和基础结构施工。

（2）侧模在混凝土强度保证其表面积棱角不因拆除模板而受损坏后可拆除，底模的拆除根据早拆体系中的规定进行。

二、独立基础施工

1. 工艺流程

工艺流程如下：

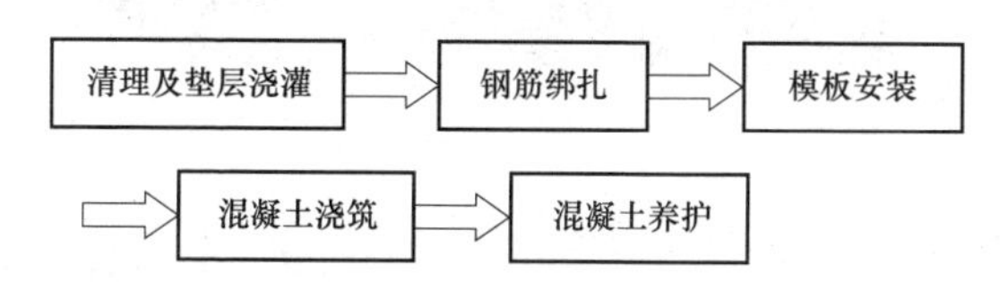

2. 施工工艺

（1）清理及垫层浇灌。地基验槽完成后，清除表面浮土及扰动土，不留积水，立即进行垫层混凝土施工，垫层混凝土必须振捣密实，表面平整，严禁晾晒基土。

（2）钢筋绑扎（图 7–6）。垫层浇灌完成后，混凝土达到 1.2MPa 后，表面弹线进行钢筋绑扎，钢筋绑扎不允许漏扣，柱插筋弯钩部分必须与底板筋成 45° 绑扎，连接点处必须全部绑扎，距底板 5cm 处绑扎第一个箍筋，距基础顶 5cm 处绑扎最后一个箍筋，作为标高控制筋及定位筋，柱插筋最上部再绑扎一道定位筋，上下箍筋及定位箍筋绑扎完成后将柱插筋调整到位并用井字木架临时固定，然后绑扎剩余箍筋，保证柱插筋不变形走样，两道定位筋在基础混凝土浇筑完成后，必须进行更换。钢筋绑扎好后地面及侧面搁置保护层塑料垫块，厚度为设计保护层厚度，垫块间距不得大于 100mm（视设计钢筋直径确定），以防出现漏筋的质量通病。

（3）模板安装：钢筋绑扎及相关施工完成后立即进行模板安装，模板采用小钢模或木模，利用架子管或木方加固。锥形基础坡度＜30° 时，采用斜模板支护，利用螺栓与底板钢筋拉紧，防

图 7–6　独立基础钢筋绑扎

止上浮，模板上设透气和振捣孔，坡度≤30° 时，利用钢丝网（间距 30cm）防止混凝土下坠，上口设井字木方支架、控制钢筋位置。不得用重物冲击模板，不准在吊帮的模板上搭设脚手架，保证模板的牢固和严密。

（4）清理：清除模板内的木屑、泥土等杂物，木模浇水湿润，堵严板缝和孔洞。

（5）混凝土浇筑（图 7–7）：混凝土应分层连续进行，间歇时间不超过混凝土初凝时间，一般不超过 2h，为保证钢筋位置正确，先浇一层 5～10cm 混凝土固定钢筋。台阶型基础每一台阶高度整体浇筑，每浇筑完一台阶停顿 0.5h 待其下沉，再浇上一层。

图 7–7　独立基础混凝土浇筑

分层下料，每层厚度为振动棒的有效长度。防止由于下料过后、振捣不实或漏振、吊帮的根部砂浆涌出等原因造成蜂窝、麻面或孔洞。

（6）混凝土振捣（图 7–8）：采用插入式振捣器，插入的间距不大于振捣器作用部分长度的 1.25 倍。上层振捣棒插入下层 3～5cm。尽量避免碰撞预埋件、预埋螺栓，防止预埋件移位。

图 7–8　独立基础混凝土振捣

（7）混凝土找平：混凝土浇筑后，表面比较大的混凝土，使用平板振捣器振一遍，然后用刮杆刮平，再用木抹子搓平。收面前必须校核混凝土表面标高，不符合要求处立即整改。

（8）混凝土养护：已浇筑完的混凝土，应在 12h 内覆盖和浇水。一般常温养护不得少于 7d，特种混凝土养护不得少于 14d。养护设专人检查落实，防止由于养护不及时，造成混凝土表面裂缝。

3. 施工总结

（1）顶板的弯起钢筋、负弯矩钢筋绑扎好后，应做保护，不准在上面踩踏行走。浇筑混凝土时派钢筋工专门负责修理，保证负弯矩筋位置的正确性。

（2）混凝土泵送时，注意不要将混凝土泵车料内剩余混凝土降低到 20cm，以免吸入空气。

（3）控制坍落度，在搅拌站及现场专人管理，每隔 2～3h 测试一次。

三、筏板基础施工

1. 工艺流程

工艺流程如下：

2. 施工工艺

（1）模板工程。

1）模板通常采用定型组合钢模板，U 形环连接。垫层面清理干净后，先分段拼装，模板拼装前先刷好隔离剂（隔离剂主要用机油）。外围侧模板的主要规格为 1500mm×300mm、1200mm×300mm、900mm×300mm、600mm×300mm，模板支撑在下部的混凝土垫层上，水平支撑用钢管及圆木短柱、木楔等支在四周基坑侧壁上。基础梁上部比筏板面高出的 50mm 侧模用 100mm 宽组合钢模板拼装，用钢丝拧紧，中间用垫块或钢筋头支撑，以保证梁的截面尺寸。模板边的顺直拉线较正，轴线、截面尺寸根据垫层上的弹线检查校正。模板加固检验完成后，用水准仪定标高，在模板面上弹出混凝土上表面平线。作为控制混凝土标高的依据。

2）模的顺序为先拆模板的支撑管、木楔等，松连接件，再拆模板，清理，分类归堆。拆模前混凝土要达到一定强度，保证拆模时不损坏棱角。

（2）钢筋工程（图 7–9）。

1）对于受力钢筋，Ⅰ级钢筋末端（包括用作分布钢筋的光圆钢筋）做 180° 弯钩，弯弧内直径不小于 2.5d，弯后的平直段长度不小于 3d。螺纹钢筋当设计要求做 90° 或 135° 弯钩时，弯弧内直径不小于 5d。对于非焊接封闭筋末端作 135° 弯钩，弯弧内直径除不小于 2.5d 外还不应小于箍径内受力纵筋直径，弯后的平直段长度不小于 10d。

图 7–9 筏板基础钢筋绑扎

2）钢筋绑扎施工前，在基坑内搭设高约 4m 的简易暖棚，以遮挡雨雪及保持基坑气温，避免垫层混凝土在钢筋绑扎期间遭受冻害。立柱用ϕ50 钢管，间距为 3.0m，顶部纵横向平杆均用ϕ50 钢管，组成的管网孔尺寸为 1.5m×1.5m，其上铺木板、方钢管等，在木板上覆彩条布，然后满铺草帘。棚内照明用普通白炽灯泡，设两排，间距 5m。

3）基础梁及筏板筋的绑扎流程：弹线→纵向梁筋绑扎、就位→筏板纵向下层筋布置→横向梁筋绑扎、就位→筏板横向下层筋布置→筏板下层网片绑扎→支撑马凳筋布置→筏板横向上层筋布置→筏板纵向上层筋布置→筏板上层网片绑扎。

4）钢筋的接头形式，筏板内受力筋及分布筋采用绑扎搭接，搭接位置及搭接长度按设计要求。基础架纵筋采用单面（双面）搭接电弧焊，焊接接头位置及焊缝长度按设计及规范要求，焊接试件按规范要求留置、试验。

（3）混凝土工程（图 7–10）。

图 7–10　筏板基础混凝土浇筑

1）浇筑按照事先顺序进行，如建筑面积较大，应划分施工段，分段浇筑。

2）搅拌时采用石子→水泥→砂→水泥→石子的投料顺序，搅拌时间不少于 90s，保证拌和物搅拌均匀。

3）混凝土振捣采用插入式振捣棒。振捣时振动棒要快插慢拔，插点均匀排列，逐点移动，顺序进行，以防漏振。插点间距约 40cm。振捣至混凝土表面出浆，不再泛气泡时即可。

4）浇筑筏板混凝土时不需分层，一次浇筑成形，虚摊混凝土时比设计标高先稍高一些，待振捣均匀密实后用木抹子按标高线搓平即可。

5）浇筑混凝土连续进行，若因非正常原因造成浇筑暂停，当停歇时间超过混凝土初凝时间时，接槎处按施工缝处理。施工缝应留直槎，继续浇筑混凝土前对施工缝处理的方法为：先剔除接槎处的浮动石子，再摊少量高强度等级的水泥砂浆均匀撒开，然后浇筑混凝土，振捣密实。

3. 施工总结

（1）基坑开挖时，若地下水位较高，应采取明沟排水、人工降水等措施，使地下水位降至基坑底下不少于 500mm，保证基坑在无水状况下开挖和基础结构施工。

（2）开挖基坑应注意保持基坑底土的原状结构，尽量不要扰动。当采用机械开挖基坑时，在基坑地面设计标高以上保留 200～400mm 厚土层，采用人工挖除并清理干净。如果不能立即进行下道工序施工，应保留 100～200mm 厚土层，在下道工序施工前挖除，以防止地基土被扰动。在基坑验槽后，应立即浇筑混凝土垫层。

（3）基础浇筑完毕，表面应覆盖和洒水养护，并防止浸泡地基。待混凝土强度达到设计强度的 25%以上时，即可拆除梁的侧模。

（4）当混凝土基础达到设计强度的 30%时，应进行基坑回填。基坑回填应在四周同时进行，并按基底排水方向由高到低分层进行。

第八章

钢筋混凝土工程必备技能

第一节　钢筋加工程序及准备

一、钢筋切断

1. 工艺流程

工艺流程如下：

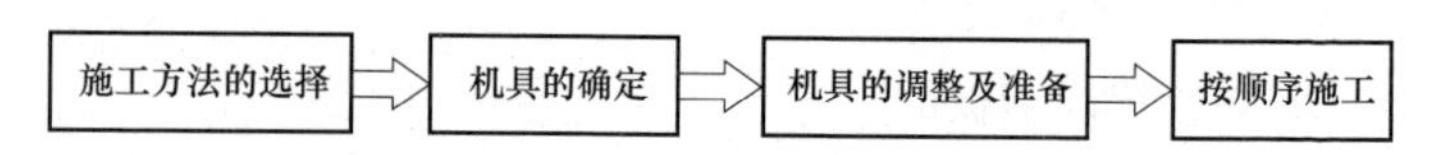

2. 加工工艺

（1）施工方法的选择。钢筋切断分为机械切断和人工切断两种。在切断过程中，如发现钢筋有劈裂、缩头或严重的弯头，必须切除。手工切断常采用手动切断机（图 8–1）、克子（又称踏扣，用于直径 16～32mm 的钢筋）、切段钳等工具。

图 8–1　钢筋手动切断机

（2）机具的确定。目前工程中常用的切断机械的型号有 GJ5—40 型、QJ40—1 型、GJ5Y—32 型等三种。施工过程中可根据施工现场的实际情况进行选择。

（3）机具的调整及准备。

1）旋开机器前部的吊环螺栓，向机内加入 20 号机械油约 5kg，使油达到油标上线即可，加完油后，拧紧吊环螺栓。

2）检查刀具安装是否正确牢固，两刀片侧隙是否在 0.1～1.5mm 范围内，必要时可在固定刀片侧面加垫（0.5mm、1mm 钢板）调整。

3）给针阀式油杯内加足 20 号机械油，调整好滴油次数，使其每分钟滴 3～10 次，并检查油滴是否准确地滴入齿圈和离合器体的结合面凹槽处，空运转前滴油时间不得少于 5min。

4）空运转 10min，踩踏离合器 3～5 次，检查机器运转是否正常。如有异常现象应立即停机，检查原因，排除故障。

（4）切断钢筋。切断多根钢筋时，须将钢筋上下整齐排放（图 8–2），需拧紧定尺卡板的紧固螺栓，并调整固定刀片与冲切刀片间的水平间隙，对冲切刀片做往复水平动作的剪断机，间隙以 0.5～1mm 为宜。再根据钢筋所在部位和剪断误差情况，确定是否可用或返工。

图 8–2　钢筋现场切断

切断钢筋时，应使钢筋紧贴挡料块及固定刀片。切粗料时，转动挡料块，使支承面后移，反之则前移，以达到切料正常。

随时检查机器轴套和轴承的发热情况（图 8–3）。一般正常情况应是手感不热，如感觉烫手时，应及时停机检查，查明原因，排除故障后，再继续使用。切忌超载。不能切断超过刀片硬度的钢材。

图 8–3　工作中的机器

3. 常用数据

工程中常用钢筋切断机的有关性能数据见表 8–1。

表 8–1　钢筋切断机性能数据

机械型号	切断直径/mm	外形尺寸/mm	功率/kW	质量/kg
GJ5–40	6～40	1770×685×828	7.5	950
GJ40–1	6～40	1400×600×780	5.5	450
GJ5Y–32	8～32	889×396×398	3.0	145

4. 施工总结

钢筋切断应合理统筹配料，将相同规格钢筋根据不同长短搭配，统筹排料；一般先断长料，后断短料，以减少短头、接头和损耗。避免用短尺量长料，以免产生累积误差；切断操作时应在工作台上标出尺寸刻度并设置控制断料尺寸用的挡板；经常性地组织相关人员对切断钢筋进行抽查。

二、钢筋弯曲成形

1. 工艺流程

工艺流程如下：

2. 施工工艺

（1）钢筋弯曲画线。钢筋弯曲（图 8–4）前，对形状复杂的钢筋（如弯起钢筋）根据钢筋料牌上标明的尺寸，用石笔将各弯曲点位置画出。

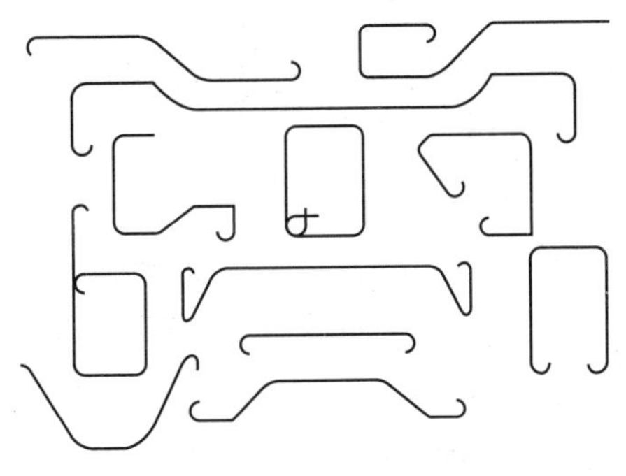

图 8–4　钢筋弯曲形状示意图

钢筋弯曲画线时的要点如下：

1）根据不同的弯曲角度扣除弯曲调整值，其扣法是从相邻两段长度中各扣一半。

2）钢筋端部带半圆弯钩时，该段长度画线时增加 0.5d。

（2）手工弯曲。在缺机具设备条件下，也可采用手摇扳手弯制细钢筋（如 10mm 以下的钢筋）、卡筋与扳头弯制粗钢筋。手动弯曲工具的尺寸，详见表 8–2 和表 8–3。

表 8–2　　　　　　　　手 摇 扳 手 尺 寸　　　　　　　　（mm）

项次	钢筋直径	a	b	c	d
1	$\phi 6$	500	18	16	16
2	$\phi 8 \sim \phi 10$	600	22	18	20

表 8–3　　　　　　卡盘与扳头（横口扳手）尺寸　　　　　　（mm）

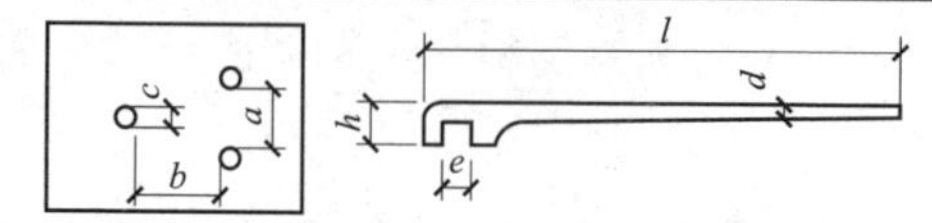

项次	钢筋直径	卡盘			扳头			
		a	b	c	d	e	h	l
1	$\phi 12 \sim \phi 16$	50	80	20	22	18	40	1200
2	$\phi 18 \sim \phi 22$	65	90	25	28	24	50	1350
3	$\phi 25 \sim \phi 32$	80	100	30	38	34	76	2100

（3）机械弯曲。对于直径较大的钢筋，弯曲加工过程中通常采用弯曲机对其加工成形。

弯曲机的使用方法如下：

1）弯曲操作前应充分了解工作盘的速度和允许弯曲钢筋直径的范围，并先试弯一根钢筋摸索一下规律，并根据曲度大小来控制开关。

2）正式大量弯曲成形前，应检查机械的各部件、油杯以及涡轮箱内的润滑油是否充足，并进行空载试运转，待试运转正常后，再正式操作。

3）钢筋在弯曲机（图 8–5）上成形时，芯轴直径应为钢筋直径的 2.5 倍，成形轴宜加偏心轴套，以适应不同直径的钢筋弯曲需要。

图 8–5　钢筋弯曲机

4）第一根钢筋弯曲成形后应与配料表进行复核，符合要求后再成批加工；对于复杂的弯曲钢筋，如预制柱牛腿、屋架节点等宜先弯一根，经过试组装后，方可成批弯制。成形后的钢筋要求形状正确，平面上没有凹凸，在弯曲弯处不得有裂纹。

5）曲线形钢筋成形（图 8–6 和图 8–7），可在原钢筋弯曲机的工作盘中央，加装一个推进钢筋用的十字架和钢套，另在工作盘 4 个孔内插上顶弯钢筋用的短轴与成形钢套和中央钢套相切，在插座板上加工作挡轴圆套，插座板上档轴钢套尺寸可根据钢筋曲线形状选用。

6）螺旋形钢筋成形，小直径可用手摇滚筒成形，较粗（16～30mm）钢筋可在钢筋弯曲机的工作盘上安设一个型钢支撑的加工圆盘，圆盘外直径相当于需加工螺栓筋的内径，插孔相当于弯曲机板柱间距，使用时将钢筋一端固定，即可按一般钢筋弯曲加工方法弯成所需螺旋形钢筋。

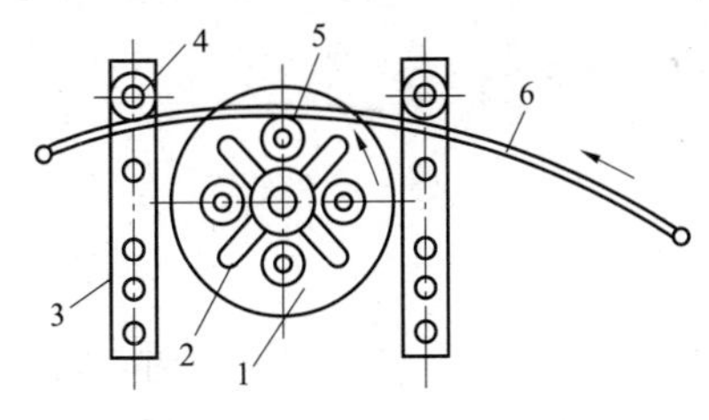

图 8–6　弯曲机工作示意图

1—工作盘；2—十字撑及圆套；3—板柱及圆套；4—挡轴圆套；5—插座板；6—钢筋

图 8–7　现场弯曲钢筋

3. 强制性规定

钢筋弯曲过程中的规定如下：

（1）弯曲直径 12mm 以下细筋可用手摇扳子，弯曲粗钢筋可用铁板扳柱和横门扳手。

（2）弯曲粗钢筋及形状比较复杂的钢筋（如弯起钢筋、牛腿钢筋）时，必须在钢筋弯曲前，根据钢筋料牌上标明的尺寸，用石笔将各弯曲点位置画出。

4. 钢筋加工常见错误及解决方法

钢筋加工时常见的错误现象：钢筋长度和弯曲角度与图纸要求不符，如图 8–8 所示。

图 8–8　加工的钢筋不合格

解决方法如下：

（1）加强钢筋配料管理工作，根据本单位设备情况和传统操作经验，预先确定各种形状钢筋下料长度调整值，配料时考虑周到；为了画线简单和操作可靠，要根据实际成形条件（弯曲类型和相应的下料调整值、弯曲处曲率半径、扳距等），制定一套画线方法以及操作时搭扳子的位置规定备用。

（2）为了保证弯曲角度符合图纸要求，在设备和工具不能自行达到准确角度的情况下，可在成形案上画出角度准线或采取钉扒钉做标志的措施。

（3）对于形状比较复杂的钢筋，如进行大批成形，最好先放出实样，并根据具体条件预先选择合适的操作参数（画线、扳距等），以作为示范。

5. 施工总结

受力钢筋的弯钩和弯折应符合表 8–4 的要求。

表 8–4　　受力钢筋的弯钩和弯折要求

序号	内　　容	图　　片
1	HPB300 级钢筋末端应做 180° 弯钩，其弯弧内直径不应小于钢筋直径的 1.5 倍，弯钩的弯后平直部分长度不应小于钢筋直径的 3 倍	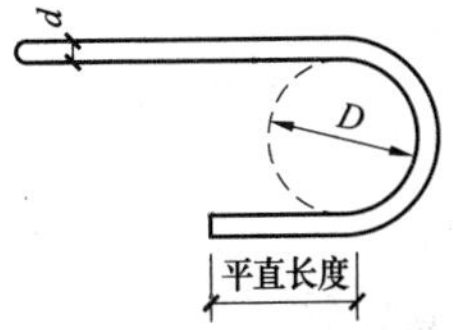
2	当设计要求钢筋末端需做 135° 弯钩时，HRB3335 级 HRB400 级钢筋的弯弧内直径不应小于钢筋直径的 4 倍。弯钩的弯后平直部分长度应符合设计要求	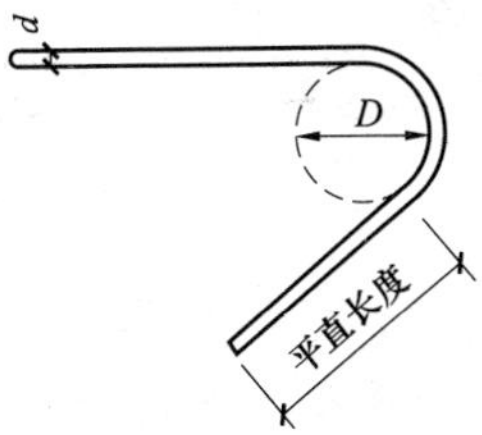
3	钢筋做不大于 90° 的弯折时，弯折处的弯弧内直径不应小于钢筋直径的 5 倍	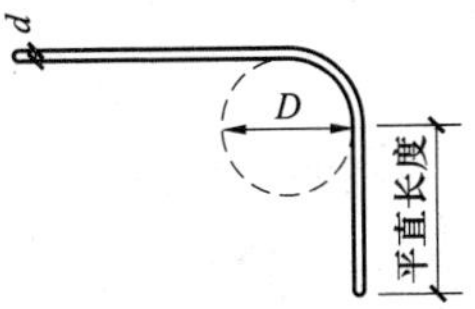

三、钢筋调直

1. 工艺流程

工艺流程如下：

2. 施工工艺

（1）调直方法的选择。钢筋调直分为人工调直（图 8–9）和机械调直（图 8–10）两类。人工调直可分为绞盘调直（多用于 12mm 以下的钢筋、板柱）、铁柱调直（用于直径较粗钢筋）、蛇形管调直（用于冷拔低碳钢丝）。机械调直常用的有钢筋调直机调直（用于冷拔低碳钢丝和细钢筋）、卷扬机调直（用于粗、细钢筋）。

图 8–9　人工调直

图 8–10　机械调直

（2）人工调直。直径在 10mm 以下的盘条钢筋，在施工现场一般采用人工调直钢筋。缺乏调直设备时，粗钢筋可采用弯曲机、平直锤或用卡盘、扳手、锤击矫直；细钢筋可用绞盘（磨）拉直或用导轮、蛇形管调直装置来调直（图 8–11）。如通过牵引过轮的钢丝还存在局部慢弯，可用小锤敲打平直。

（3）机械调直。钢筋工程中对直径小于 12mm 的线材盘条，要展开调直后才可进行加工制作；对大直径的钢筋，要在其对焊后调直后检验其焊接质量。这些工作一般都要通过冷拉设备完成。工程中，对钢筋的调直也可通过调直机进行。工程中常用钢筋调直机如图 8–12 所示。

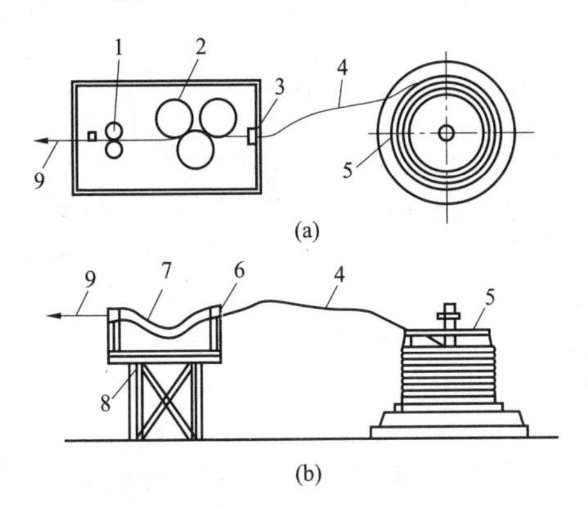

图 8–11　人工调直装置示意图

1—导轮；2—辊轮；3—旧拔丝模；4—细钢筋或钢丝；5—盘条架；6—旧滚珠轴承；7—蛇形管；8—支架；9—人力牵引

当采用冷拉法调直时，HPB300光圆钢筋的冷拉率不宜大于4%；HRB335、HRB400、HRB500、HRBF335、HRBF400、HRBF500及RRB400带肋钢筋的冷拉率不宜大于1%

图 8–12　钢筋调直机

3. 强制性规范要求

钢筋加工宜在常温状态下进行，加工过程中不应加热钢筋。钢筋调直冷拉温度不宜低于–20℃，预应力钢筋张拉温度不宜低于–15℃。当环境温度低于–20℃时，不得对 HRB335、HRB400 钢筋进行冷弯加工。

4. 施工总结

（1）用卷扬机拉直钢筋时，应注意控制冷拉率：HPB300 级钢筋不宜大于 4%；HRB335、HRB400 级钢筋及不准采用冷拉钢筋的结构，不宜大于 1%。用调直钢丝和用锤击法平直粗钢筋时，表面伤痕不应使截面积减少 5% 以上。

（2）调直后的钢筋应平直，无局部曲折；冷拔低碳钢丝表面不得有明显擦伤。应当注意：冷拔低碳钢丝经调直机调直后，其抗拉强度一般要降低 10%～15%，使用前要加强检查，按调直后的抗拉强度选用。

四、常用钢筋加工机械

钢筋加工机械是将盘条钢筋和直条钢筋加工成为钢筋工程安装施工所需要的长度尺寸、弯曲形状或者安装组件，主要包括强化、调直、弯箍、切断、弯曲、组件成形和钢筋续接等设备，钢筋组件有钢筋笼、钢筋桁架（如三角梁、墙板、柱体、大梁等）、钢筋网等。

钢筋加工机械种类繁多，按其加工工艺可分为宜强化、成形、焊接、预应力等 4 类，具体内容见表 8–5。

表 8–5　　钢筋加工机械的分类

名称	内　容
钢筋强化机械	主要包括钢筋冷拉机、钢筋冷拔机、钢筋冷轧扭机、冷轧带肋钢筋成形机等。其加工原理是通过对钢筋施以超过其屈服点的力，使钢筋产生不同形式的变形，从而提高钢筋的强度和硬度，减少塑性变形
钢筋成形机械	主要包括钢筋调直切断机、钢筋切断机、钢筋弯曲机、钢筋网片成形机等。它们的作用是把原料钢筋，按照各种混凝土结构所需钢筋骨架的要求进行加工成形
钢筋焊接机械	主要包括钢筋焊接机、钢筋点焊机、钢筋网片成形机、钢筋电渣压力焊机等，用于钢筋成形中的焊接
钢筋预应力机械	主要包括电动油泵和千斤顶等组成的拉伸机和镦头机，用于钢筋预应力张拉作业

第二节 钢 筋 焊 接

一、钢筋电弧焊接

1. 工艺流程

工艺流程如下：

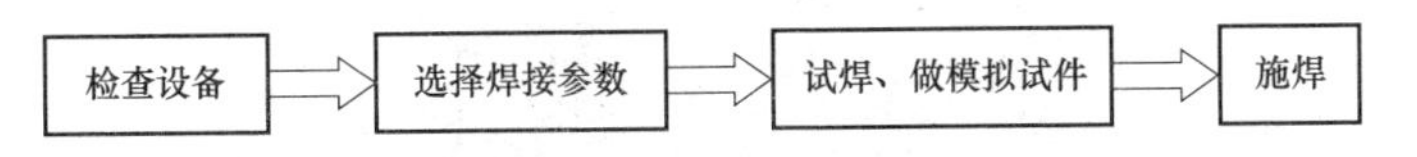

2. 施工工艺

（1）检查设备。检查电源、焊机及工具（图 8–13）。焊接地线应与钢筋接触良好，防止因起弧而烧伤钢筋。

图 8–13 现场电源、焊机的检查

（2）选择焊接参数。根据钢筋级别、直径、接头形式（图 8–14）和焊接位置（图 8–15），选择适宜的焊条直径、焊接层数和焊接电流，保证焊缝与钢筋熔合良好。

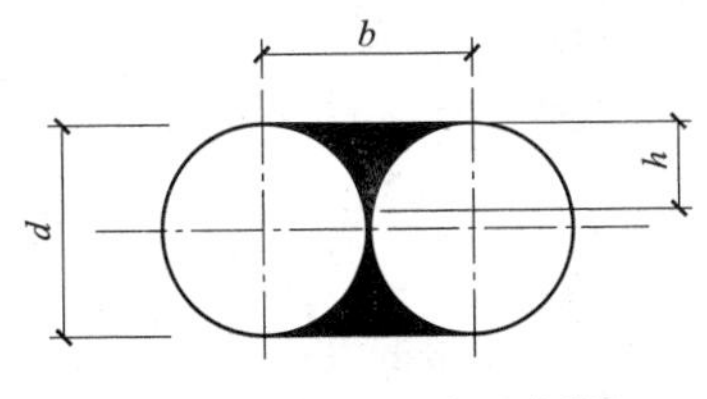

图 8–14 接头形式示意图

图 8–15 焊接位置现场照片

（3）试焊、做模拟试件（送试/确定焊接参数）。在每批钢筋正式焊接前，应焊接 3 个模拟试件做拉力试验（图 8–16），经试验合格后，方可按确定的焊接参数成批生产。

图 8–16　钢筋拉力试验

（4）施焊。施焊的主要内容见表 8–6。

表 8–6　施焊的主要内容

名称	内　容
引弧	带有垫板或帮条的接头，引弧应在钢板或帮条上进行。无钢筋垫板或无帮条的接头，引弧应在形成焊缝的部位，防止烧伤主筋
定位	焊接时应先焊定位点再施焊
运条	运条时的直线前进、横向摆动和送进焊条三个动作要协调平稳
收弧	收弧时，应将熔池填满，拉灭电弧时，应将熔池填满，注意不要在工作表面造成电弧擦伤
多层焊	如钢筋直径较大，需要进行多层施焊时，应分层间断施焊，每焊一层后，应清渣再焊接下一层。应保证焊缝的高度和长度
熔合	焊接过程中应有足够的熔深。主焊缝与定位焊缝应结合良好，避免气孔、夹渣和烧伤缺陷，并防止产生裂缝
平焊	平焊时要注意熔渣和铁水混合不清的现象，防止熔渣流到铁水前面。熔池也应控制成椭圆形，一般采用右焊法，焊条与工作表面成 70°
立焊	立焊时，铁水与熔液易分离。要防止熔池温度过高，铁水下坠形成焊瘤，操作时焊条与垂直面形成 60°～80° 角使电弧略向上，吹向熔池中心。焊第一道时，应压住电弧向上运条，同时做较小的横向摆动，其余各层用半圆形横向摆动加挑弧法向上焊接

续表

名称	内　容
横焊	焊条倾斜 70°～80°，防止铁水受自重作用坠到下坡口上。运条到上坡口处不作运弧停顿，迅速带到下坡口根部，做微小横拉稳弧动作，依次匀速进行焊接
仰焊	仰焊时宜用小电流短弧焊接，熔池宜薄，且应确保与母材熔合良好。第一层焊缝用短电弧做前后推拉动作，焊条与焊接方向成 80°～90° 角。其余各层焊条横摆，并在坡口侧略停顿稳弧，保证两侧熔合

3. 强制性规范要求

钢筋与钢板搭接焊时，HPB300 钢筋的搭接长度 L 不得小于 4 倍钢筋直径。HRB335 钢筋和 HRB400 钢筋的搭接长度 L 不得小于 5 倍钢筋直径，焊缝宽度 b 不得小于钢筋直径的 0.6 倍，焊缝厚度 S 不得小于钢筋直径的 0.35 倍。

4. 钢筋电弧焊接的常见问题及解决方法

钢筋电弧焊接的过程中常常出现咬边的现象，如图 8–17 和图 8–18 所示。

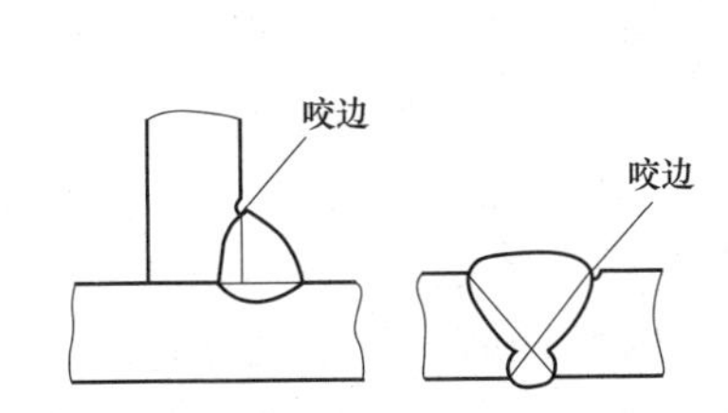

图 8–17　电弧焊接咬边示意图

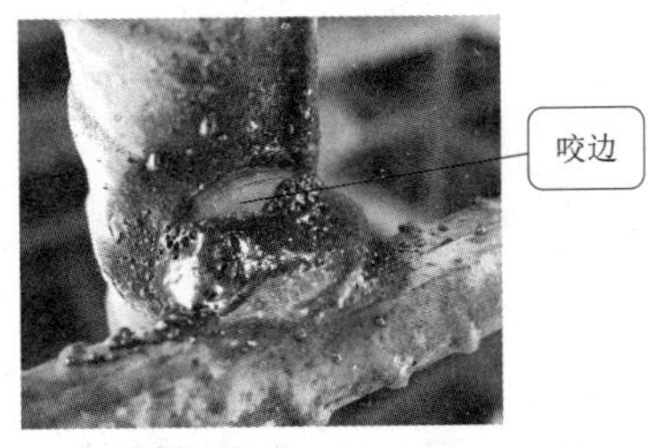

图 8–18　施工现场焊接咬边

解决方法：选用合适的电流，避免电流过大。操作时电弧不能拉得过长，并控制好焊条的角度和运弧的方法。

5. 施工总结

（1）带有钢板或帮条的接头，引弧应在钢板或帮条上进行。无钢板或无帮条的接头，引弧应在形成焊缝部位，不得随意引弧，防止烧伤主筋。

（2）根据钢筋级别、直径、接头形式和焊接位置，选择适宜的焊条直径和焊接电流，保证焊缝与钢筋熔合良好，

（3）焊接过程中及时清渣，焊缝表面光滑平整，焊缝美观，加强焊缝应平缓过渡，弧坑应填满。

二、钢筋气压焊接

1. 工艺流程

工艺流程如下：

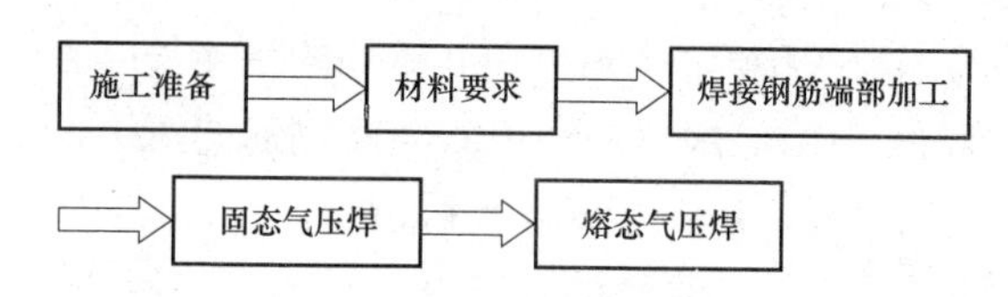

2. 施工工艺

（1）施工准备。

1）施工前应对现场有关人员和操作工人进行钢筋气压焊的技术培训。培训的重点是焊接原理、工艺参数的选用、操作方法、接头检验方法、不合格接头产生的原因和防治措施等。对磨削、装卸等辅助作业工人，也需了解有关规定和要求。焊工必须经考核并发给合格证后方可进行操作。

2）在正式焊接前，对所有需焊接的钢筋，应按《混凝土结构工程施工质量验收规范》（GB 50204—2015）有关规定截取试件，进行试验。试件应切取 6 根，3 根做弯曲式验，3 根做拉伸试验，并按试验合格所确定的工艺参数进行施焊。

（2）材料要求。

1）钢筋必须有材质试验证明书，各项技术性能和质量应符合现行标准《钢筋混凝土用钢　第 2 部分：热轧带肋钢筋》（GB 1499.2—2007）中的有关规定。当采用其他品种、规格钢筋进行气压焊时，应进行钢筋焊接性能试验，经试验合格后方可采用。

2）乙炔宜采用瓶装溶解乙炔，其质量应符合国家标准《溶

解乙炔》（GB 6819—2004）中的规定要求，纯度按体积比达到98%，其作业压力在 0.1MPa 以下。氧气和乙炔的作业混合比为1:1～1:4。

（3）焊接钢筋端部加工。

1）钢筋端面应切平，切割时要考虑钢筋接头的压缩量，一般为 0.6～1.0d。断面应与钢筋的轴线相垂直，端面周边毛刺应去掉。钢筋端部若有弯折或扭曲应矫正或切除（图 8–19）。切割钢筋应用砂轮锯，不宜用切断机。

弯折的部分应校正
或切除，切割时用
砂轮

图 8–19　钢筋端头校正

2）清除压接面上的锈、油污、水泥等附着物，并打磨见新面，使其露出金属光泽，不得有氧化现象（图 8–20）。

压接端头清除的长度
一般为50～100mm

图 8–20　现场压接端头的清除

3）钢筋的压接接头应布置在数根钢筋的直线区段内，不得在弯曲段内布置接头。有多根钢筋压接时，接头位置应按《混凝土结构工程施工质量验收规范》（GB 50204—2015）的规定错开。

4）两钢筋安装于夹具上，应夹紧并加压顶紧。两钢筋轴线要对正，并对钢筋轴向施加 5～10MPa 初压力。钢筋之间的缝隙不得大于 3mm，压接面具体质量要求如图 8–21 所示。

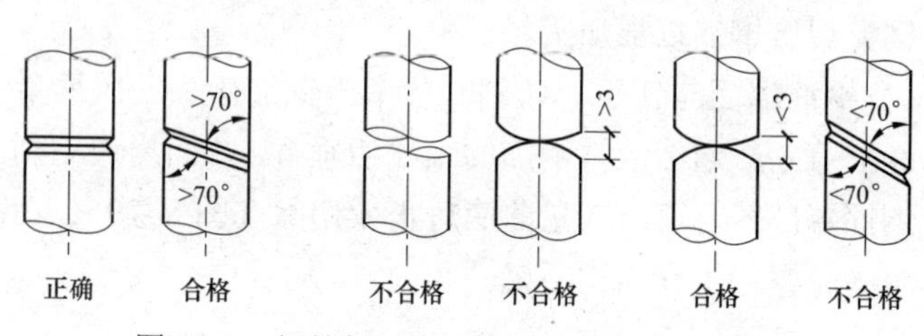

图 8–21　钢筋气压焊压接面的质量要求示意图

（4）固态气压焊。固态气压焊工艺的主要内容如下：

1）焊前钢筋端面应切平、打磨，使其露出金属光泽，钢筋安装夹牢，预压顶紧后，两钢筋端面局部间隙不得大于 3mm。

2）气压焊加热开始至钢筋端面密合前，应采用碳化焰集中加热；钢筋端面密合后可采用中性焰宽幅加热；焊接全过程不得使用氧化焰。

3）气压焊顶压时，对钢筋施加的顶压力应为 30～40MPa/mm^2

（5）熔态气压焊。熔态气压焊工艺的主要内容如下：

1）安装前，两端钢筋端面之间应有 3～5mm 间隙。

2）气压焊开始时，首先使用中性焰加热，待钢筋端头至熔化状态，附着物随熔滴流走，端部呈凸状时，即加压，挤出熔化金属，并密合牢固。

3）使用氧液化石油气火焰进行熔态气压焊时，应适当增大氧气用量。

3. 常用数据

（1）接头部位两钢筋轴线不在同一直线上时，其弯折角不得大于 4°。当超过限量时，应重新加热校正。

（2）镦粗区最大直径应为钢筋公称直径的 1.4～1.6 倍，长度应为钢筋公称直径的 0.9～1.2 倍，且凸起部分平缓圆滑。

（3）镦粗区最大直径处应为压焊面。若有偏移，其最大偏移量不得大于钢筋公称直径的 0.2 倍。

4. 钢筋气压焊接常见错误及解决方法

钢筋气压焊接过程中常常出现轴线偏移（偏心）的现象，如图 8–22 所示。

(a)

(b)

图 8–22 现场出现轴线偏移

（a）焊接后的钢筋不垂直；（b）钢筋出现偏心

解决方法：产生这一现象的原因是焊接夹具变形，两夹头不同心，或夹具刚度不够；解决这一问题的方法是检查夹具，及时修理或更换。

5. 施工总结

钢筋气压焊的开始阶段宜采用碳化焰（还原焰），对准两钢筋接缝处集中加热，并使其淡蓝色羽状内焰包住缝隙或伸入缝隙内，并始终不离开接缝，以防止压焊面产生氧化。待接缝处钢筋红黄，当压力表针大幅度下降时，随即对钢筋施加顶锻压力（初期压力），直到焊口缝隙完全闭合。要注意的是：碳化火焰内焰应呈淡白色，若呈黄色说明乙炔过多，必须适当减少乙炔量。不得使用碳化焰外焰加热，严禁用氧化过剩的氧化焰加热。

三、钢筋电渣压力焊

1. 工艺流程

工艺流程如下：

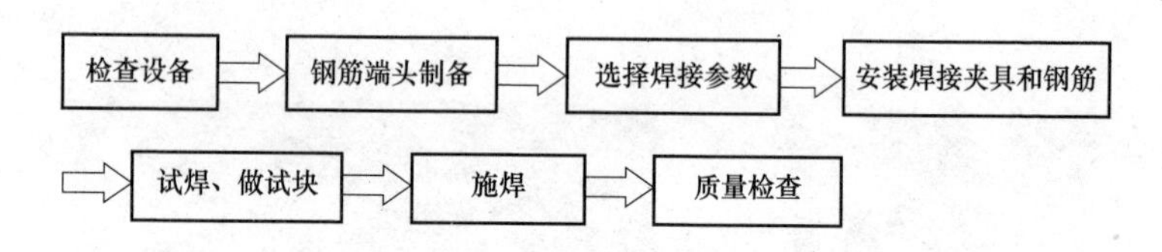

2. 施工工艺

（1）检查设备、电源。全面彻底地检查设备、电源，确保始终处于正常状态，严禁超负载工作。

（2）钢筋端头制备。钢筋安装之前，应将钢筋焊接部位和电极钳口接触（150mm 区段内）位置的锈斑、油污、杂物等清除干净（图 8–23），钢筋端部若有弯折、扭曲，应予以矫直或切除，但不得用锤击矫直。

图 8–23　钢筋焊接部位除锈

（3）选择焊接参数。钢筋电渣压力焊的焊接参数主要包括：焊接电流、焊接电压和焊接通电时间，当采用 HJ431 焊剂时应符合表 8–9 的要求。不同直径钢筋焊接时，按较小直径钢筋选择参数，焊接通电时间延长约 10%。

（4）安装焊接夹具和钢筋。

1）夹具的下钳口应夹紧于下钢筋端部的适当位置，一般为1/2焊剂罐高度偏下5～10mm，以确保焊接处的焊剂有足够的淹埋深度。

2）上钢筋放入夹具钳口后（图 8–24），调准动夹头的起始点，使上下钢筋的焊接部位位于同轴状态，方可夹紧钢筋。

钢筋一经夹紧，严防晃动，以免上下钢筋错位和夹具变形

图 8–24　安装夹具

（5）安放引弧用的钢丝圈（也可省去）。安放焊剂罐、填装焊剂。

（6）试焊、做试件、确定焊接参数。

1）在正式进行钢筋电渣压力焊之前，参与施焊的焊工必须进行现场条件下的焊接工艺试验，以便确定合理的焊接参数。

2）试验合格后，方可正式生产。

3）当采用半自动、自动控制焊接设备时，应按照确定的参数设定好设备的各项控制数据，以确保焊接接头质量可靠。

（7）施焊。施焊的主要内容见表 8–7。

表 8–7　　施焊施工总结

名称	内　　容
闭合电路、引弧	通过操作杆或操纵盒上的开关，先后接通焊机的焊接电流回路和电源的输入回路，在钢筋端面之间引燃电弧，开始焊接
电弧过程	引燃电弧后，应控制电压值。借助操纵杆使上下钢筋端面之间保持一定的间距，进行电弧过程的延时，使焊剂不断熔化而形成必要深度的渣池

续表

名称	内　容
电渣过程	随后逐渐下送钢筋，使上钢筋端部插入渣池，电弧熄灭，进入电渣过程的延时，使钢筋全断面加速熔化
挤压断电	电渣过程结束，迅速下送上钢筋，使其断面与下钢筋端面相互接触，趁热排出熔渣和熔化金属。同时切断焊接电源

（8）回收焊剂及卸下夹具。接头焊毕，应停歇20～30s后（在寒冷地区施焊时，停歇时间应适当延长），才可回收焊剂和卸下焊接夹具（图8–25）。

图8–25　拆卸夹具

3. 常用数据

钢筋电渣压力焊常用的焊接参数见表8–8。

表8–8　　钢筋电渣压力焊焊接参数

钢筋直径/mm	焊接电流/A	焊接电压/V		焊接通电时间/s	
		电弧过程	电渣过程	电弧过程	电渣过程
14	200～220	35～45	18～22	12	3
16	200～250	35～45	18～22	14	4
18	250～300	35～45	18～22	15	5
20	300～350	35～45	18～22	17	5

续表

钢筋直径/mm	焊接电流/A	焊接电压/V		焊接通电时间/s	
		电弧过程	电渣过程	电弧过程	电渣过程
22	350～400	35～45	18～22	18	6
25	400～450	35～45	18～22	21	6
28	500～550	35～45	18～22	24	6
32	600～650	35～45	18～22	27	7

4. 电渣压力焊的常见错误及解决方法

电渣压力焊施工过程常常出现接头偏心和倾斜的现象，如图 8–26 所示。

(a)　　(b)

图 8–26　接头偏心现场照片

（a）墙内柱筋焊接后倾斜；（b）柱筋接头偏心

解决方法如下：

（1）钢筋端部歪扭和不直部分应事先矫正或切除，端部歪扭的钢筋不得焊接。

（2）两钢筋夹持于夹内，上下应同心，焊接过程中，上钢筋应保持垂直和稳定。

（3）夹具的滑杆和导管之间如有较大间隙，造成夹具上下不同心时，应修理后再用。

（4）钢筋下送加压时，顶压力要恰当。

（5）焊接完成后，不能立即卸下夹具，应在停焊后约两分钟再卸夹具，以免钢筋倾斜。

5. 施工总结

在钢筋电渣压力焊生产中，应重视焊接全过程中的任何一个环节。接头部位应清理干净；钢筋安装应上下同轴；夹具紧固，严防晃动；引弧过程，力求可靠；电弧过程，延时充分；电渣过程，短而稳定；挤压过程，压力适当。

四、钢筋闪光对焊

1. 工艺流程

工艺流程如下：

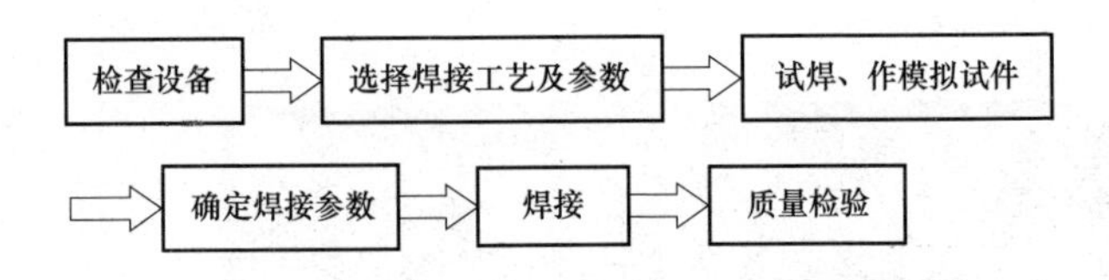

2. 施工工艺

（1）检查设备。检查电源、对焊机及对焊平台、地下铺放的绝缘橡胶垫、冷却水、压缩空气等，一切必须处于安全可靠的状态。

（2）选择焊接工艺。当钢筋直径较小，钢筋级别较低，可采用连续闪光焊。采用连续闪光焊所能焊接的最大钢筋直径的规定：当钢筋直径较大，端面较平整，宜采用预热闪光焊；当端面不够平整，则应采用闪光—预热闪光焊。

1）连续闪光焊（图 8–27）。采用连续闪光焊时，先闭合电源，然后使两钢筋端面轻微接触，形成闪光。闪光一旦开始，应徐徐移动钢筋，形成连续闪光过程。待钢筋烧化到规定的长度后，以适当的正力迅速进行顶锻，使两根钢筋焊牢。

2）预热闪光焊（图 8–28）。预热闪光焊是在连续闪光焊前增加一次预热过程，以达到均匀加热的目的。采用这种焊接工艺时，先闭合电源，然后使两钢筋端面交替地接触和分开，这时钢筋端面的间隙中即发出断续的闪光，而形成预热过程。当钢筋烧化到规定的预热留量后，随即进行连续闪光和顶锻，使钢筋焊牢。

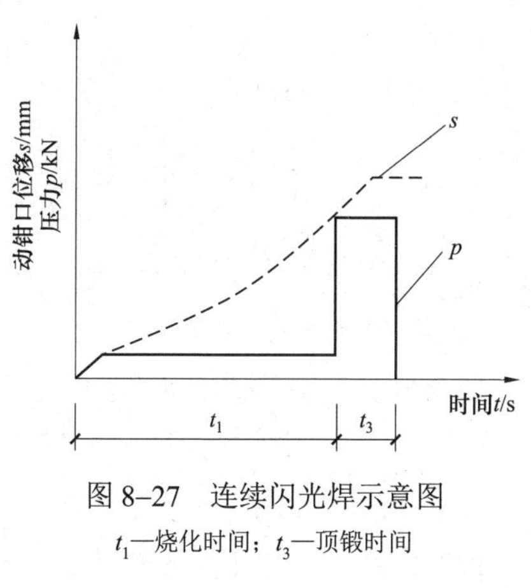

图 8–27　连续闪光焊示意图

t_1—烧化时间；t_3—顶锻时间

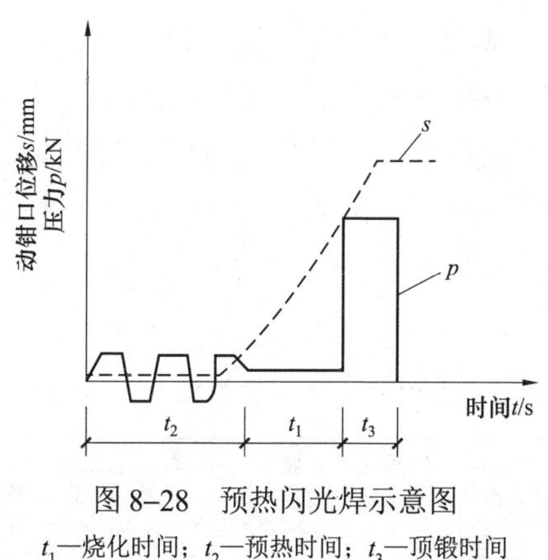

图 8–28　预热闪光焊示意图

t_1—烧化时间；t_2—预热时间；t_3—顶锻时间

3）闪光—预热闪光焊（图 8–29）。在预热闪光焊前加一次闪光过程，目的是使不平整的钢筋端面烧化平整，使预热均匀。这种焊接工艺的焊接过程是首先连续闪光，使钢筋端部闪平，然后断续闪光，进行预热，接着连续闪光，最后进行顶锻，以完成整个焊接过程。

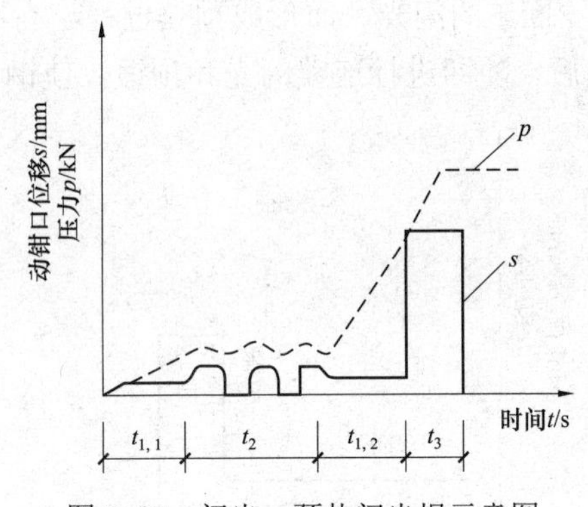

图 8–29 闪光—预热闪光焊示意图

t_1—烧化时间；$t_{1,1}$—一次烧化时间；$t_{1,2}$—二次烧化时间；

t_2—预热时间；t_3—顶锻时间

（3）试焊、作模拟试件。在每班正式焊接前，应按选择的焊接参数焊接 6 个试件，其中 3 个做拉力试验，3 个做冷弯试验。经试验合格后，方可按确定的焊接参数成批生产。

（4）确定焊接参数。钢筋闪光对焊参数主要包括调伸长度、烧化留量、预热留量、烧化速度、顶锻留量、顶锻速度及变压器级次等，具体内容见表 8–9。

表 8–9　　闪光对焊各项参数

名称	内　容
调伸长度	RRB400 钢筋闪光对焊时，与热轧钢筋比较，应减小调伸长度，提高焊接变压器级数，缩短加热时间，快速顶锻，形成快热快冷条件，使热影响区长度控制在钢筋直径的 0.6 倍范围之内
顶锻留量	顶锻留量应随着钢筋直径的增大和钢筋级别的提高而有所增加，可在 4～10mm 内选择。其中，有电顶锻留量约占 1/3，无电顶锻留量约占 2/3。焊接 HRB500 钢筋时，顶锻留量宜稍为增大，以确保焊接质量
烧化留量及预热留量	连续闪光焊的烧化留量应等于两根钢筋切断时刀口严重压伤部分之和，另加 8mm；预热闪光焊时的预热留量为 4～7mm，烧化留量为 8～10mm。采用闪光—预热闪光焊时，一次烧化留量应等于两根钢筋切断时刀口严重压伤部分之和，预热留量为 2～7mm，二次烧化留量为 8～10mm

续表

名称	内 容
烧化速度	烧化速度是指闪光过程的快慢。烧化速度随钢筋直径增大而降低。在烧化过程中，烧化速度由慢到快，开始时近于零，而后约 1mm/s，终止时为 1.5～2mm/s。这样闪光比较强烈，高热产生的金属蒸气足以保护焊缝金属免受氧化
顶锻速度	顶锻速度是指在挤压钢筋接头时的速度，顶锻速度应该越快越好，特别是在顶锻开始的 0.1s 内应将钢筋压缩 2～3mm，使焊口迅速闭合以避免空气进入焊接空间导致氧化，而后断电，并以 6mm/s 的速度继续顶锻至终止

（5）焊接操作。

1）连续闪光焊（图 8–30）。通电后，应借助操作杆使两钢筋端面轻微接触，使其产生电阻热，并使钢筋端面的凸出部分互相熔化，并将熔化的金属微粒向外喷射形成火光闪光，再徐徐不断地移动钢筋形成连续闪光，待预定的烧化留量消失后，以适当压力迅速进行顶锻，即完成整个连续闪光焊接。

钢筋端头如起弯或成“马蹄”形则不得焊接，必须煨直或切除

图 8–30　连续闪光焊钢筋

2）预热闪光焊（图 8–31）。通电后，应使两根钢筋端面交替接触和分开，使钢筋端面之间发生断续闪光，形成烧化预热过程。当预热过程完成，应立即转入连续闪光和顶锻。

3）闪光—预热闪光焊。通电后，应首先进行闪光，当钢筋端面已平整时，应立即进行预热、闪光及顶锻过程。

焊接后稍冷却才能
松开电极钳口，取
出钢筋时必须平稳，
以免接头弯折

图 8–31　预热闪光焊钢筋照片

（6）质量检验。在钢筋对焊生产中，焊工应认真进行自检，若发现偏心、弯折、烧伤、裂缝等缺陷，应切除接头重焊，并查找原因，及时消除。

3. 钢筋闪光对焊常见错误及解决方法

钢筋闪光对焊的过程中常常出现接头未焊透或夹渣的现象，如图 8–32 和图 8–33 所示。

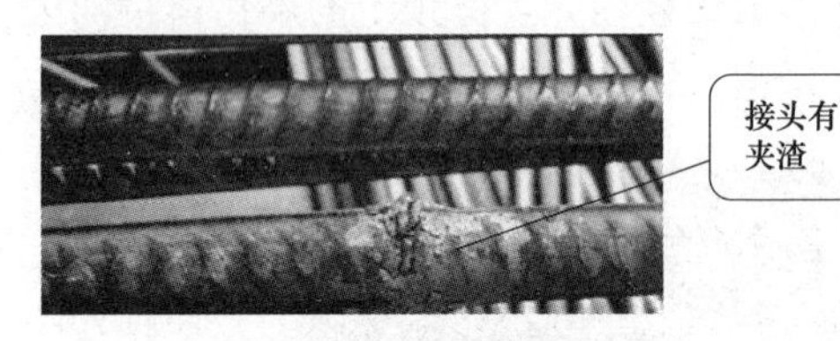
接头有
夹渣

图 8–32　钢筋接头夹渣

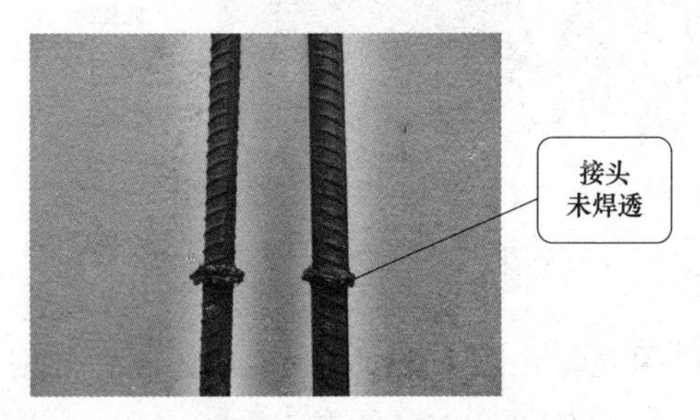
接头
未焊透

图 8–33　钢筋接头未焊透

解决方法：① 增加预热程度；② 加快临近顶锻时的烧化速度；③ 确保带电顶锻过程；④ 加快顶锻速度；⑤ 增大顶

锻压力。

4. 施工总结

（1）HRB500 钢筋焊接时，应采用预热闪光焊或闪光—预热闪光焊工艺。当接头拉伸试验结果发生脆性断裂，或弯曲试验不能达到规定要求时，尚应在焊机上进行焊后热处理。

（2）当螺钉端杆与预应力钢筋对焊时，宜事先对螺钉端杆进行预热，并减小调伸长度；钢筋一侧的电极应垫高，确保两者轴线一致。

五、钢筋负温连接

1. 工艺流程

工艺流程如下：

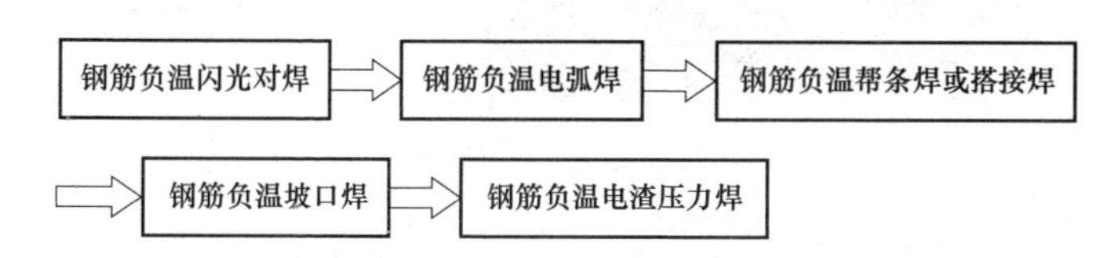

2. 施工工艺

（1）钢筋负温闪光对焊。

1）钢筋负温闪光对焊（图 8–34）工艺应控制热影响区长度。焊接参数应根据当地气温按常温参数调整。

图 8–34　钢筋负温闪光对焊

2）采用较低变压器级数，宜增加调整长度、预热流量、预热次数、预热间歇时间和预热接触压力，并宜减慢烧化过程的中期速度。

3）其焊接参数与常温相比：调伸长度应增加 10%～20%；变压器级数降低一级或二级；烧化过程中的速度适当减慢；预热时的接触压力适当提高，预热间歇时间适当延长。缓冷时可采用多层施焊（图 8–35）的方法。

采用多层施焊时，层间温度控制在150～350℃，使接头热影响区附近的冷却速度减慢1～2倍。

图 8–35　多层施焊

（2）钢筋负温电弧焊。钢筋负温电弧焊的内容如下。

1）钢筋负温电弧焊宜采取分层控温施焊。热轧钢筋焊接的层间温度宜控制在 150～350℃。

2）HEB335 和 HEB400 钢筋多层施焊时，焊后可采用“回火焊道施焊”，其回火焊道的长度应比前一层焊道的两端缩短 4～6mm。

“回火焊道施焊法”（图 8–36）的作用是对原来的热影响区起到回火的效果。回火温度为 500℃左右。如一旦产生淬硬组织，经回火后将产生回火马氏体、回火索氏体组织，从而改善接头的综合性能。

3）钢筋负温电弧焊可根据钢筋牌号、直径、接头形式和焊接位置选择焊条和焊接电流。焊接时应采取防止产生过热、烧伤、咬肉和裂缝等措施。

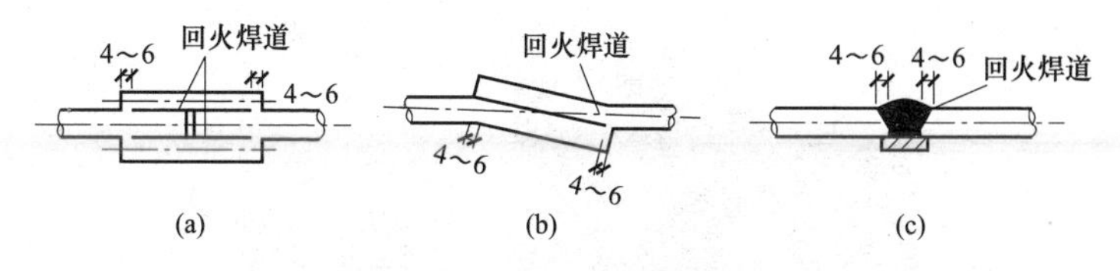

图 8–36　钢筋回火焊道示意图

（a）帮条焊；（b）搭接焊；（c）坡口焊

（3）钢筋负温帮条焊或搭接焊。

1）帮条与主筋之间应采用四点点位焊固定，搭接焊时应采用两点固定；定位焊缝与帮条或搭接端部的距离不应小于 20mm。

2）帮条焊的引弧应在帮条钢筋的一端开始，收弧应在帮条钢筋端头上，弧坑应填满。

3）焊接时，第一层焊缝应具有足够的熔深，主焊缝或定位焊缝应熔合良好；平焊时，第一层焊缝应先从中间引弧，再向两端运弧；立焊时，应先从中间向上方运弧，再从下端向中间运弧；在以后各层焊缝焊接时，应采用分层控温施焊（图 8–37）。

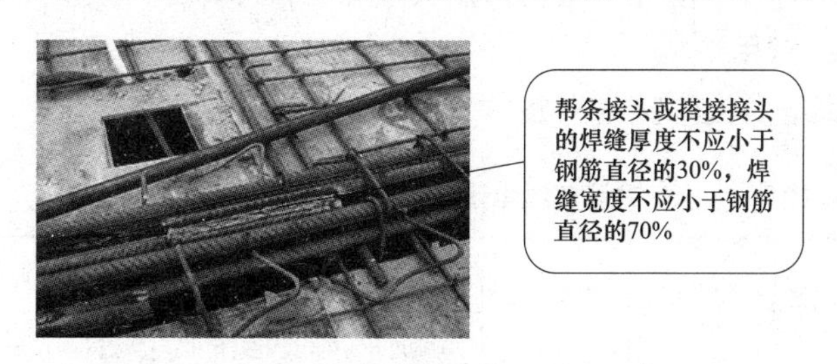

帮条接头或搭接接头的焊缝厚度不应小于钢筋直径的30%，焊缝宽度不应小于钢筋直径的70%

图 8–37　现场负温施焊

（4）钢筋负温坡口焊。钢筋负温坡口焊（图 8–38）的内容为：焊缝根部、坡口端面以及钢筋与钢垫板之间均应熔合，焊接过程中应经常除渣；焊接时，宜采用几个接头轮流施焊。

（5）钢筋负温电渣压力焊。

1）电渣压力焊宜用于 HRB335、HRB400 热轧带肋钢筋。

2）电渣压力焊机容量应根据所焊钢筋直径选定。

加强焊缝的宽度
应超出V形坡口
边缘3mm，高度
应超出V形坡口
上下边缘3mm，
并应平缓过渡至
钢筋表面。

图 8–38　钢筋负温坡口焊

3）焊剂应放在防雨的干燥库房内，在使用前经 250～300℃烘焙 2h 以上。

4）焊接完毕，应停歇 20s 以上方可卸下夹具回收焊剂，回收的焊剂内不得混入杂物，接头渣壳应待冷却后清理。

3. 常用数据

钢筋负温焊接常用参数见表 8–10。

表 8–10　　钢筋负温电渣压力焊常用焊接参数

<table>
<tr><th rowspan="2">钢筋直径
/mm</th><th rowspan="2">焊接强度
/℃</th><th rowspan="2">焊接电流
/A</th><th colspan="2">焊接电压/V</th><th colspan="2">焊接通电时间/s</th></tr>
<tr><th>电弧过程</th><th>电渣过程</th><th>电弧过程</th><th>电渣过程</th></tr>
<tr><td>14～18</td><td>–10
–20</td><td>300～350
350～400</td><td rowspan="4">35～45</td><td rowspan="4">18～22</td><td>20～25</td><td>6～8</td></tr>
<tr><td>20</td><td>–10
–20</td><td>350～400
400～450</td><td rowspan="3">25～30</td><td rowspan="3">8～10</td></tr>
<tr><td>22</td><td>–10
–20</td><td>400～450
450～550</td></tr>
<tr><td>25</td><td>–10
–20</td><td>450～500
550～600</td></tr>
</table>

4. 钢筋负温焊接常见错误及解决方法

钢筋负温焊接常常出现焊包成形不良的现象，如图 8–39 所示。

图 8–39　负温焊接出现焊包

解决方法：① 为防止焊包上翻，应适当减小焊接电流或加长通电时间，加压时用力适当，不能过猛；② 焊剂盒的下口及其间隙用石棉垫封塞好，防止焊剂泄漏。

5. 施工总结

钢筋在环境温度低于–5℃的条件下进行对焊则属低温对焊。在低温条件下焊接时，焊块冷却快，容易产生淬硬现象，内应力也将增大，使接头力学性能降低，对焊接带来不利因素，因此应该掌握好冷却的速度。

第三节　钢 筋 机 械 连 接

一、钢筋套筒挤压连接

1. 工艺流程

工艺流程如下：

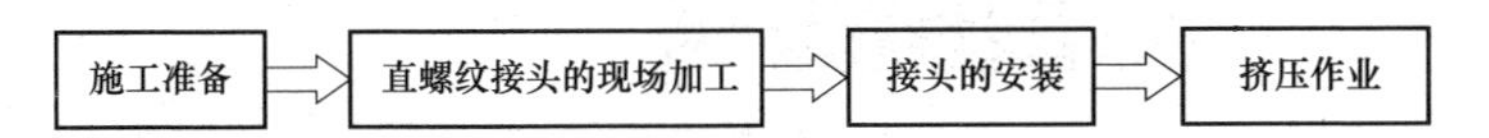

2. 施工工艺

（1）施工准备。钢筋与套筒应进行试套，如钢筋有马蹄、弯折或纵肋尺寸过大者，应预先矫正或用砂轮打磨；对不同直径钢筋的套筒不得串用。钢筋端部应划出定位标记与检查标记。定位标记与钢筋端头的距离为钢套筒长度的一半，检查标记与定位标记的距离一般为20mm。

（2）直螺纹接头的现场加工。

1）钢筋端部应切平或镦平后加工螺纹，使安装扭矩能有效形成丝头的相互对顶力，消除或减少钢筋受拉时因螺纹间隙造成的变形。

2）镦粗头不得有与钢筋轴线相垂直的横向裂纹（图 8–40）。

镦粗头不得有与
钢筋轴线相垂直
的横向裂纹

图 8–40　现场镦粗头

3）钢筋丝头长度应满足企业标准中产品设计要求，公差应为 0～2.0p（p 为螺距）。

4）钢筋丝头（图 8–41）宜满足 6f 级精度要求，应用专用

钢筋丝头应满足
6f级精度要求，
抽查数量10%，
检验合格率不应
小于95%

图 8–41　现场的钢筋丝头

直螺纹量规检验，通规能顺利旋入并达到要求的拧入长度，止规旋入不得超过 3*p*。

（3）接头的安装。

1）安装接头时可用管钳扳手拧紧，应使钢筋丝头在套筒中央位置相互顶紧。标准型接头安装后的外露螺纹（图 8–42）不宜超过 2*p*。

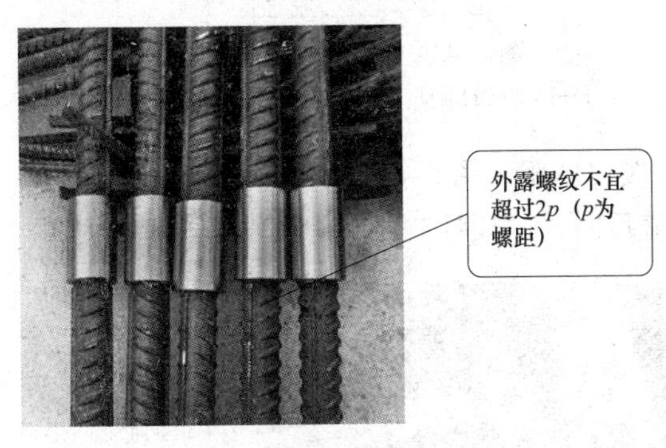

图 8–42　接头外露螺纹

2）安装后应用扭力扳手校核拧紧扭矩，拧紧扭矩值应符合表 8–11 的规定。

表 8–11　　　　直螺纹接头安装时的扭矩值规定

钢筋直径 /mm	≤16	18～20	22～25	28～32	36～40
拧紧扭矩 /（N·m）	100	200	260	320	360

（4）挤压作业。

1）钢筋挤压连接（图 8–43）宜先在地面上挤压一端套筒，在施工作业区插入待接钢筋后再挤压另一端套筒。

2）压接钳就位时，应对正钢套筒压痕位置的标记，并使压模运动方向与钢筋两纵肋所在的平面相垂直，即保证最大压接面能在钢筋的横肋上。

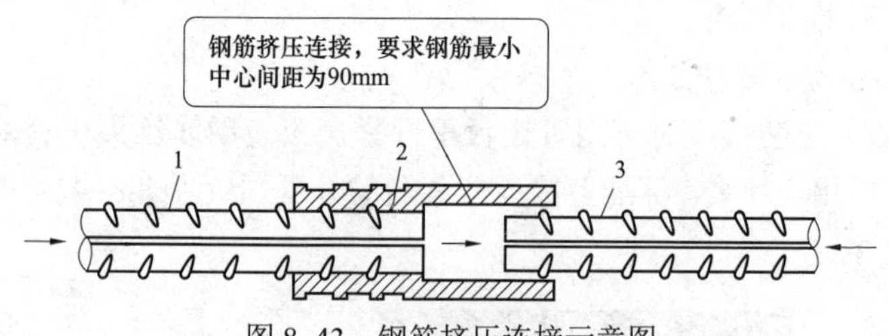

图 8–43 钢筋挤压连接示意图

1—已挤压的钢筋；2—钢套筒；3—未挤压的钢筋

3）压接钳施压（图 8–44）顺序由钢套筒中部顺次向端部进行。每次施压时，主要控制压痕深度。

图 8–44 压接钳施压

3. 钢筋套筒挤压连接常见错误及解决方法

钢筋套筒连接中常常出现钢筋冷挤压后，套筒发现有可见裂缝，如图 4–45 所示。

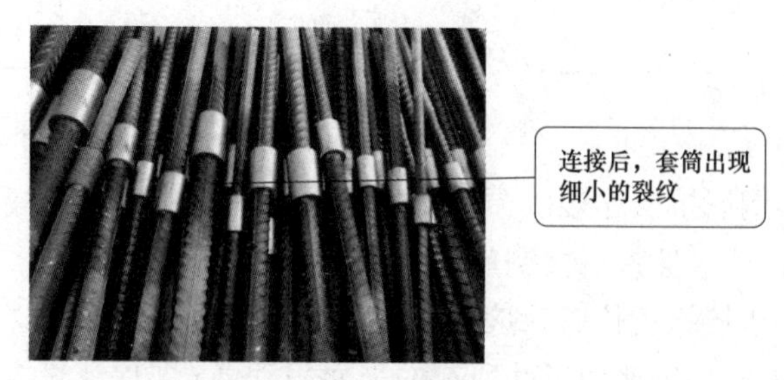

图 8–45 套筒有细小裂纹

解决方法：加强现场的管理工作，操作人员对钢筋套筒挤压连接技术必须熟悉，选择质量良好的套筒。

4. 施工总结

在高处作业时，必须遵守高处作业的有关安全规定；油泵及挤压机必须按设备使用说明书进行操作和保养。对高压油管应防止根部弯折和尖利物划坏，以防油管破裂射油伤人。

二、钢筋直螺纹套筒连接

1. 工艺流程

工艺流程如下：

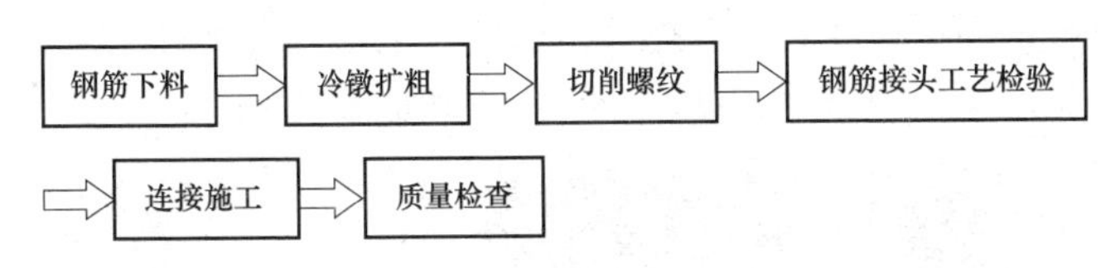

2. 施工工艺

（1）钢筋下料：钢筋下料时，应采用砂轮切割机，切口的端面应与轴线垂直，不得有马蹄形或挠曲。

（2）冷镦扩粗：钢筋下料后在钢筋镦粗机上将钢筋镦粗，按不同规格检验冷镦后的尺寸。

（3）切削螺纹：钢筋冷镦后，在钢筋套丝机上切削加工螺纹。钢筋端头螺纹（图 8–46）规格应与连接套筒的型号匹配。

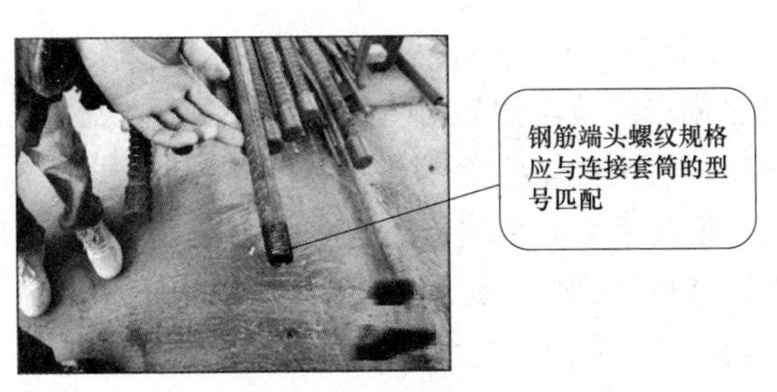

图 8–46　现场钢筋螺纹加工

（4）丝头检查带塑料保护帽。钢筋螺纹加工后，随即用配置的量规逐根检测，合格后，再由专职质检员按一个工作班 10%的比例抽样校验。如发现有不合格螺纹，应全部逐个检查，并切除所有不合格的螺纹，重新镦粗和加工螺纹。对检验合格的丝头加塑料帽进行保护。

（5）运送至现场。运送过程中注意丝头的保护，虽然已经戴上塑料帽，但由于塑料帽的保护有限，所以仍要注意丝头的保护，不得与其他物体发生撞击，造成丝头的损伤。

（6）连接施工。

1）钢筋连接时连接套规格与钢筋规格必须一致，连接之前应检查钢筋螺纹及连接套螺纹是否完好无损，钢筋螺纹丝头（图 8–47）上如发现杂物或锈蚀，可用钢丝刷清除。

钢筋螺纹丝头上如发现杂物或锈蚀，可用钢丝刷清除

图 8–47　现场使用的钢筋螺纹接头

2）对于标准型和异型接头连接：首先用工作扳手将连接套与一端的钢筋拧到位，然后再将另一端的钢筋拧到位。

3）活连接型接头连接（图 8–48）：先对两端钢筋向连接套方向加力，使连接套与两端钢筋丝头挂上扣，然后用工作扳手旋转连接套，并拧紧到位。在水平钢筋连接时，一定要将钢筋托平对正后，再用工作扳手拧紧。

4）被连接的两钢筋端面应处于连接套的中间位置，偏差不大于一个螺距，并用工作扳手拧紧，使两钢筋端面顶紧。

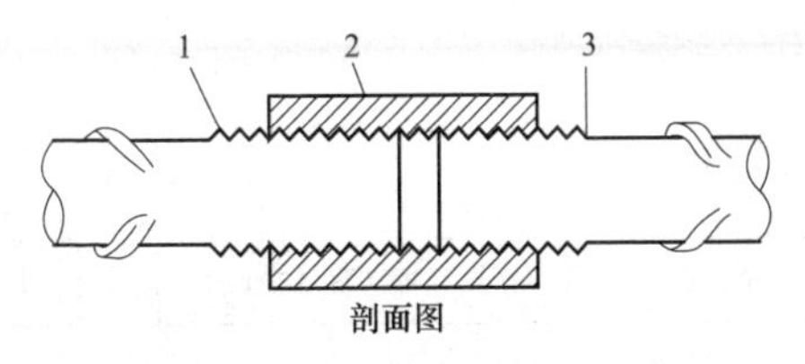

图 8–48　活连接型接头示意图

1—已连接的钢筋；2—直螺纹套筒；3—正在拧入的钢筋

3. 钢筋直螺纹套筒连接常见错误及解决方法

钢筋直螺纹套筒连接时常常出现连接不规范的现象，如图 8–49 所示。

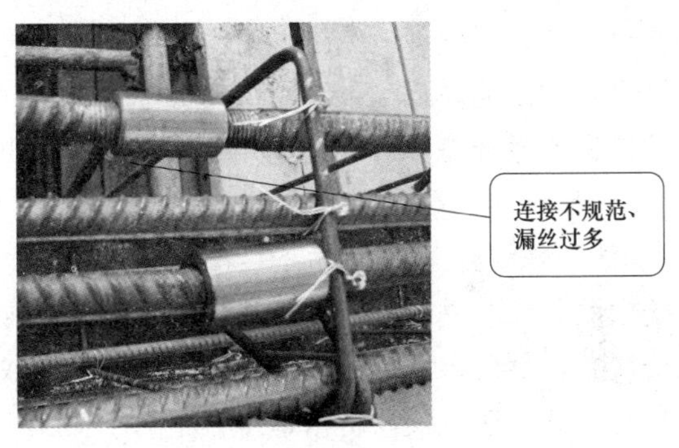

图 8–49　钢筋直螺纹套筒连接不规范

解决方法：在现场施工过程中应建立完善的质量验收制度、有专业的技术人员进行指导施工，发现连接不合格的应立即进行整改，整改后再报有关部门进行验收。

4. 施工总结

钢筋镦粗时要保证镦粗头与钢筋轴线不得大于 4 的倾斜，不得出现与钢筋轴线相垂直的横向表面裂缝。发现外观质量不符合要求时，应及时割除，重新镦粗。

三、钢筋滚压直螺纹套筒连接

1. 工艺流程

工艺流程如下：

2. 施工工艺

（1）滚压直螺纹加工。

1）直接滚压直螺纹加工。采用钢筋滚丝机直接滚压螺纹。此法螺纹加工简单，设备投入少；但螺纹精度差，由于钢筋粗细不均导致螺纹直径差异，施工受影响。

2）挤肋滚压螺纹加工。采用专用挤压设备滚轮先将钢筋的横肋和纵肋进行预压平处理，然后再滚压螺纹。其目的是减轻钢筋肋对成形螺纹的影响。此法对螺纹精度有一定提高，但仍不能从根本上解决钢筋直径差异对螺纹精度的影响，螺纹加工需要两套设备。

3）剥肋滚压螺纹加工（图 8–50）。采用钢筋剥肋滚丝机，先将钢筋的横肋和纵肋进行剥切处理后，使钢筋滚丝前的柱体直径达到同一尺寸，然后再进行螺纹滚压成形。此法螺纹精度高，接头质量稳定，施工速度快，价格适中。

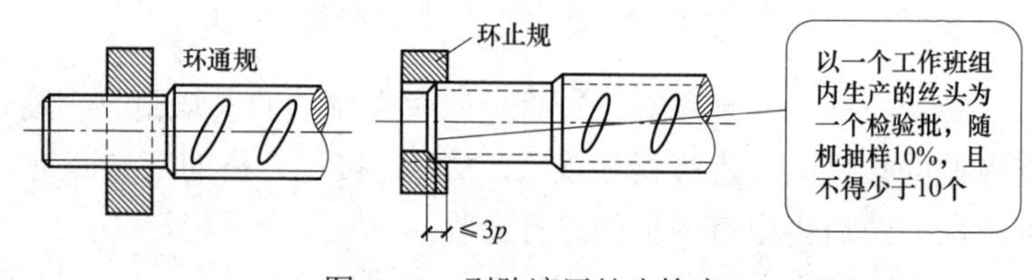

图 8–50　剥肋滚压丝头检查

（2）滚压直螺纹套筒的选择。滚压直螺纹接头用连接套筒，采用优质碳素结构钢。连接套筒的类型有：标准型、正反丝扣型、异径型、加锁母型等。

（3）接头安装。

1）直螺纹接头现场加工的内容见钢筋套筒挤压连接中的相关内容。

2）采用预埋接头时，连接套筒的位置、规格和数量应符合设计要求。带连接套筒的钢筋应固定牢靠，连接套筒的外露端应有保护盖。

3）滚压直螺纹接头应使用扭力扳手或管钳进行施工（图 8–51），将两个钢筋丝头在套筒中间位置相互顶紧。

扭力扳手的
精度为±5%

图 8–51　扳手拧紧

4）经拧紧后的滚压直螺纹接头应做出标记，单边外露螺纹长度不应超过 $2p$（见图 8–52）。

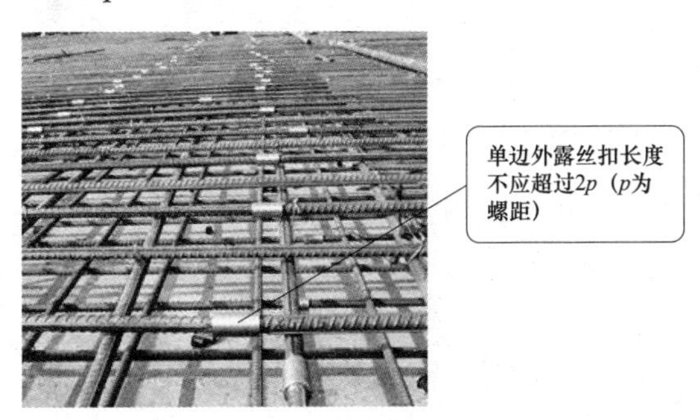
单边外露丝扣长度
不应超过2p（p为
螺距）

图 8–52　现场连接后的外露丝

3. 施工总结

（1）丝头有效螺纹数量不得少于设计规定；牙顶宽度大于

0.3p 的不完整螺纹累计长度不得超过两个螺纹周长；标准型接头的丝头有效螺纹长度应不小于 1/2 连接套筒长度，且允许误差为 +2p；其他连接形式应符合产品设计要求。

（2）丝头尺寸的检验：用专用的螺纹环规检验，其环通规应能顺利地旋入，环止规旋入长度不得超过 3p。

（3）钢筋连接完毕后，标准型接头连接套筒外应有外露有效螺纹，且连接套筒单边外露有效螺纹不得超过 2p，其他连接形式应符合产品设计要求。

第四节 钢筋绑扎施工

一、钢筋绑扎工具

常用的钢筋绑扎工具有钢丝钩、小撬棍、起拱板子等，下面将逐个对每个工具的性能及使用方法进行讲解。

1. 钢丝钩

钢丝钩（图 8–53 和图 8–54）是主要的钢筋绑扎工具，是用 12～16mm、长度为 160～200mm 圆钢筋制作。

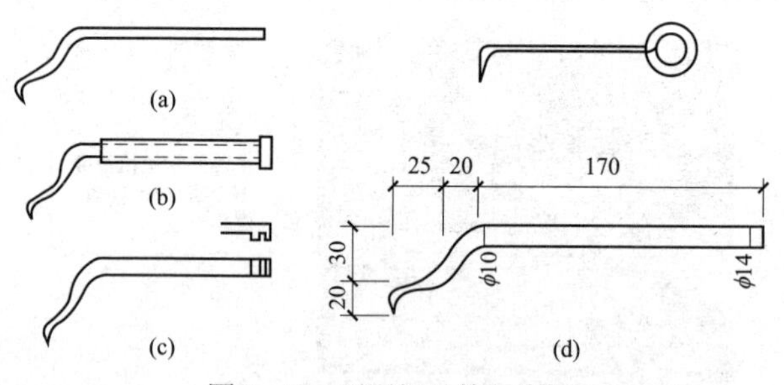

图 8–53 不同钢丝钩示意图

2. 小撬棍

小撬棍（图 8–55 和图 8–56）是用来调整钢筋间距，矫直钢筋的部分弯曲或用于放置保护层水泥垫块时撬动钢筋等。

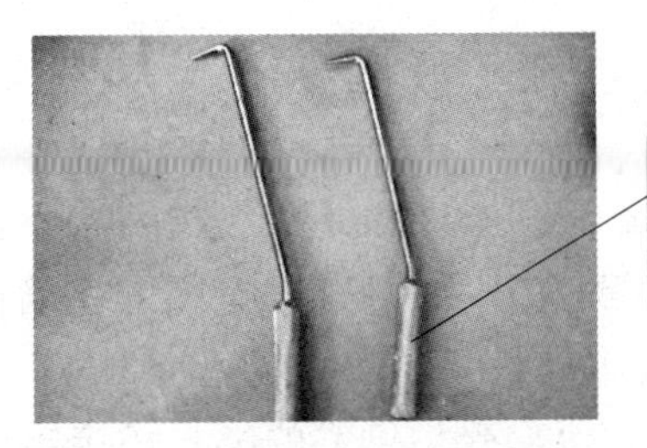

图 8–54　钢丝钩实际照片

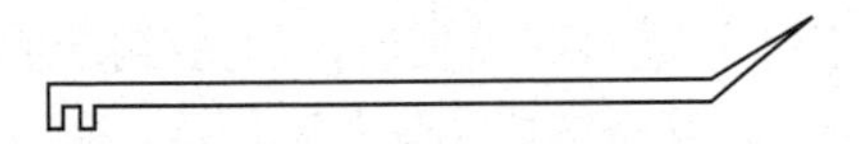

图 8–55　小撬棍示意图

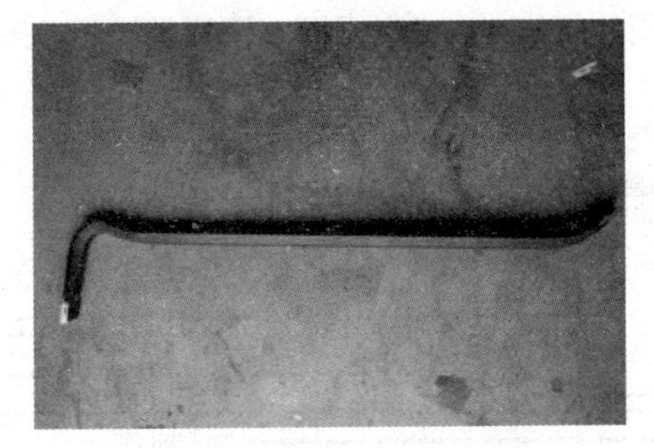

图 8–56　施工中用的小撬棍

3. 起拱板子

起拱板子（图 8–57）：绑扎现浇楼板时，用来弯制楼板弯起钢筋的工具。

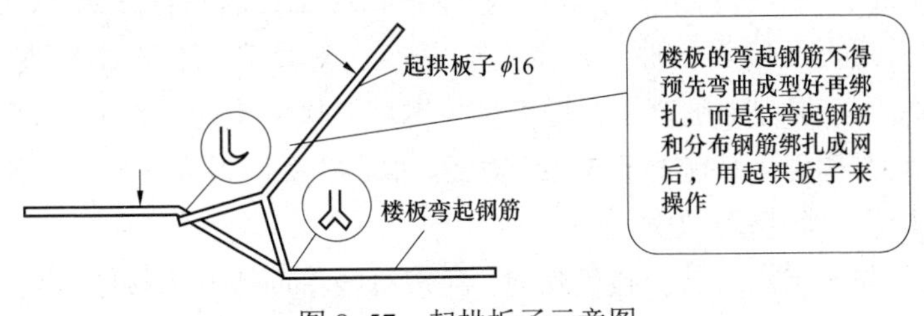

起拱板子 ϕ16
楼板弯起钢筋
楼板的弯起钢筋不得预先弯曲成型好再绑扎，而是待弯起钢筋和分布钢筋绑扎成网后，用起拱扳子来操作

图 8–57　起拱板子示意图

二、钢筋搭接要求

（1）轴心受拉及小偏心受拉杆件的纵向受力钢筋不得采用绑扎搭接；其他构件中的钢筋采用绑扎搭接时，受拉钢筋直径不宜大于 25mm，受压钢筋直径不宜大于 28mm。

（2）同一构件中相邻纵向受力钢筋的绑扎搭接接头宜互相错开。钢筋绑扎搭接接头连接区段的长度为 1.3 倍搭接长度，凡搭接接头中点位于该连接区段长度内的搭接接头均属于同一连接区段（图 8–58）。同一连接区段内纵向受力钢筋搭接接头面积百分率为该区段内有搭接接头的纵向受力钢筋与全部纵向受力钢筋截面面积的比值。当直径不同的钢筋搭接时，按直径较小的钢筋计算。

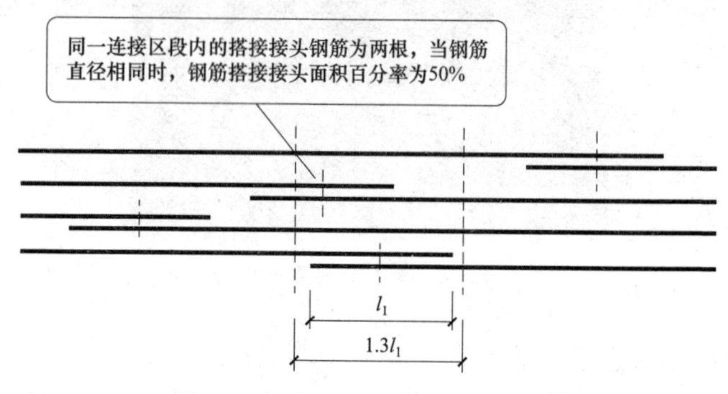

图 8–58　钢筋绑扎搭接接头示意图

位于同一连接区段内的受拉钢筋搭接接头面积百分率：对梁类、板类及墙类构件，不宜大于 25%；对柱类构件，不宜大于 50%。当工程中确有必要增大受拉钢筋搭接接头面积百分率时，对梁类构件，不宜大于 50%；对板、墙、柱及预制构件的拼接处，可根据实际情况放宽。

并筋采用绑扎搭接连接时，应按每根单筋错开搭接的方式连接。接头面积百分率应按同一连接区段内所有的单根钢筋计算。

并筋中钢筋的搭接长度应按单筋分别计算。

二、钢筋绑扎工艺

1. 工艺流程

工艺流程如下：

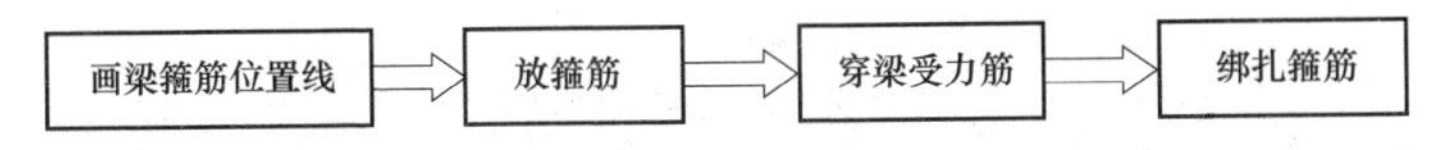
画梁箍筋位置线
放箍筋
穿梁受力筋
绑扎箍筋

2. 施工工艺

（1）在梁侧模板上画出箍筋间距、位置线。

（2）摆放箍筋，如图 8–59 所示。

箍筋按照间距和
位置进行摆放

图 8–59　现场摆放箍筋

（3）穿梁受力筋。

1）先穿主梁的下部纵向受力钢筋及弯起钢筋（图 8–60），将箍筋按已画好的间距逐个分开；穿次梁的下部纵向受力钢筋及

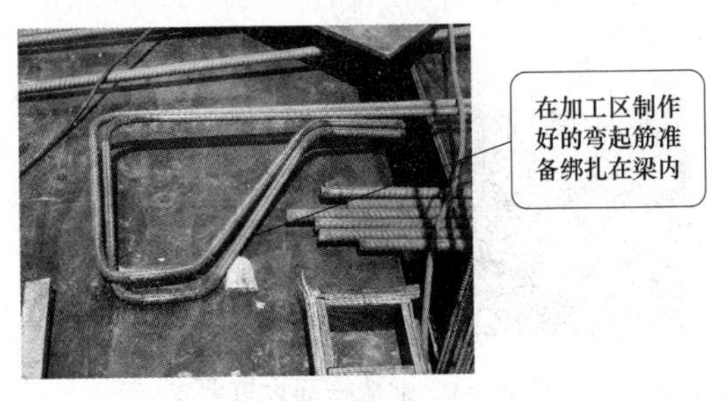
在加工区制作
好的弯起筋准
备绑扎在梁内

图 8–60　弯起筋

弯起钢筋，并套好箍筋；放主次梁的架立筋；隔一定间距将架立筋与箍筋绑扎牢固；调整箍筋间距使间距符合设计要求，绑架立筋，再绑主筋，主次梁同时配合进行。

2）框架梁上部纵向钢筋应贯穿中间节点，梁下部纵向钢筋伸入中间节点锚固长度及伸过中心线的长度要符合设计要求。

（4）绑扎箍筋。

1）绑梁上部纵向筋的箍筋，宜用套扣法绑扎（图 8–61）。

2）箍筋在叠合处的弯钩，在梁中应交错绑扎，箍筋弯钩为 135°（图 8–62），平直部分长度为 10d，如做成封闭箍时，单面焊缝长度为 5d。

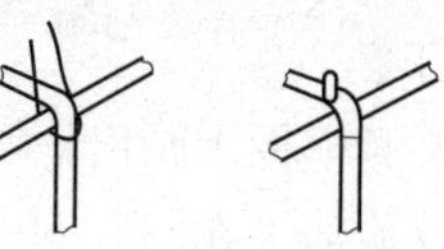

图 8–61　套扣绑扎示意图

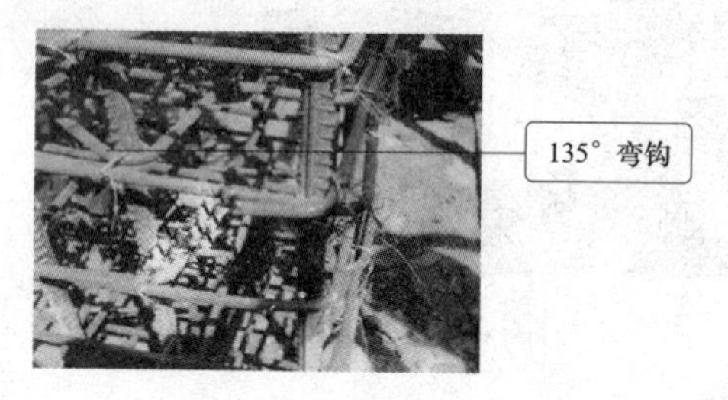

图 8–62　弯钩 135° 的箍筋

3）梁端第一个箍筋应设置在距离柱节点边缘 50mm 处（图 8–63）。梁端与柱交接处箍筋应加密，其间距与加密区长度均要符合设计要求。

图 8–63　梁端箍筋设置要求

4）力筋为双排时，可用短钢筋垫在两层钢筋之间，钢筋排距应符合设计要求。

（5）梁筋的搭接。

1）梁的受力钢筋直径大于或等于 22mm 时，宜采用焊接接头，小于 22mm 时，可采用绑扎接头，搭接长度要符合规定。

2）搭接长度末端与钢筋弯折处的距离，不得小于钢筋直径的 10 倍。接头不宜位于构件最大弯矩处，受拉区域内 I 级钢筋绑扎接头的末端应做弯钩（II 级钢筋可不做弯钩），搭接处应在中心和两端扎牢。

3）接头位置应相互错开，当采用绑扎搭接接头时，在规定搭接长度的任一区段内有接头的受力钢筋截面面积占受力钢筋总截面面积百分率，受拉区大于 50%。

3. 钢筋绑扎的常见错误及解决方法

钢筋在绑扎的过程中常常出现梁中的钢筋绑扎不到位的现象，如图 8–64 和图 8–65 所示。

图 8–64　梁中钢筋排列混乱

图 8–65　箍筋间距不规范

解决方法：应该将钢筋拆除后，重新进行绑扎调整，并严格按照梁钢筋绑扎的施工要求进行控制。

4. 施工总结

（1）弯钩的朝向应正确，绑扎接头应符合施工规范的规定，搭接长度不小于规定值。

（2）钢筋规格、形状、尺寸、数量、锚固长度、接头位置，必须符合图纸设计要求和施工规范的规定。

四、钢筋的现场绑扎

1. 工艺流程

工艺流程如下：

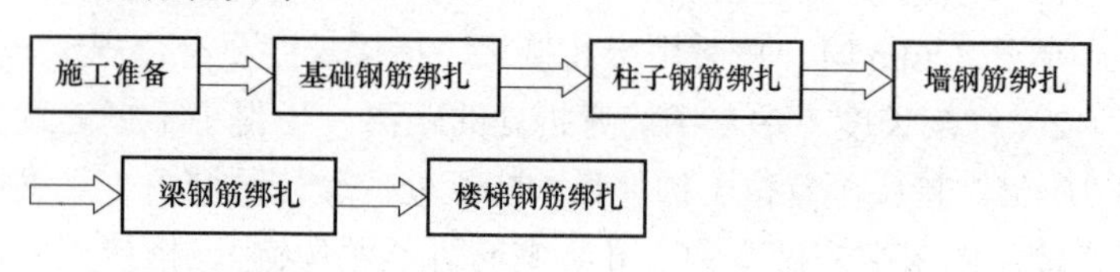

2. 施工工艺

（1）施工准备。

1）核对成品钢筋的钢号、直径、形状、尺寸和数量等是否与料单料牌相符。如有错漏，应纠正增补。

2）准备绑扎用的钢丝、绑扎工具（如钢筋钩、带扳口的小撬棍）、绑扎架等。

（2）基础钢筋绑扎。

1）将基础垫层清扫干净，用石笔和墨斗在上面弹放钢筋位置线（图 8–66）。

图 8–66　弹放钢筋位置线

2）按钢筋位置线布放基础钢筋。

3）绑扎钢筋。四周两行钢筋交叉点应每点绑扎牢。中间部分交叉点可相隔交错扎牢，但必须保证受力钢筋不位移。双向主筋的钢筋网，则需将全部钢筋相交点扎牢。相邻绑扎点的钢丝扣成八字形，以免网片歪斜变形。

（3）柱子钢筋绑扎。

1）套柱箍筋（图 8–67）。按图纸要求间距，计算好每根柱箍筋数量，先将箍筋套在下层伸出的搭接筋上，然后立柱子钢筋，在搭接长度内，绑扣不少于 3 个，绑扣要向柱中心。

如果柱子主筋采用
光圆钢筋搭接时，
角部弯钩应与模板
成45°角，中间钢
筋的弯钩应与模板
成90°角。

图 8–67　套柱箍筋

2）搭接绑扎竖向受力筋。柱子主筋立起后，绑扎接头的搭接长度、接头面积百分率应符合设计要求。

3）画箍筋间距线。在立好的柱子竖向钢筋上，按图纸要求用粉笔画箍筋间距线。

4）柱箍筋绑扎。

① 按已画好的箍筋位置线，将已套好的箍筋往上移动，由上往下绑扎，宜采用缠扣绑扎（图 8–68）。

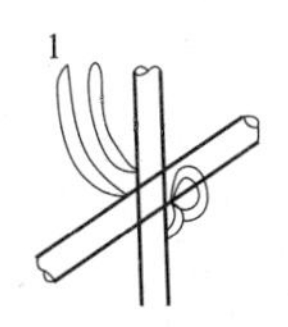

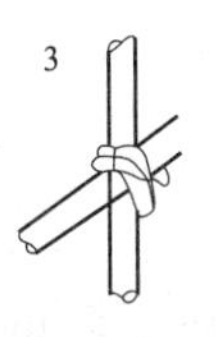

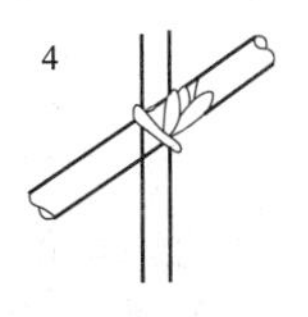

图 8–68　缠扣绑扎示意图

② 箍筋与主筋要垂直，箍筋转角处与主筋交点均要绑扎，主筋与箍筋非转角部分的相交点成梅花交错绑扎。

（4）墙钢筋绑扎。

1）墙的纵向钢筋（图 8–69）每段钢筋长度不宜超过 4m（钢筋的直径≤12mm）或 6m（直径＞12mm），水平段每段长度不宜超过 8m，以利于绑扎。

每段钢筋长度不宜超过
4m（钢筋的直径≤12mm）
或6m（直径>12mm），
水平段每段长度不宜超过
8m。

图 8–69　纵向钢筋绑扎

2）墙的钢筋网绑扎同基础，钢筋的弯钩应朝向混凝土内。

（5）梁钢筋绑扎。

1）在梁侧模板上画出箍筋间距，摆放箍筋。

2）先穿主梁的下部纵向受力钢筋及弯起钢筋，将箍筋按已画好的间距逐个分开；穿次梁的下部纵向受力钢筋及弯起钢筋，并套好箍筋；放主次梁的架立筋；隔一定间距将架立筋与箍筋绑扎牢固；调整箍筋间距使间距符合设计要求，绑架立筋，再绑主筋，主次梁同时配合进行。

3）框架梁上部纵向钢筋应贯穿中间节点，梁下部纵向钢筋伸入中间节点锚固长度及伸过中心线的长度要符合设计要求。框架梁纵向钢筋在端节点内的锚固长度也要符合设计要求。

（6）楼梯钢筋绑扎。

1）在楼梯底板上画主筋和分布筋的位置线。

2）钢筋的弯钩应全部向内（图 8–70），不准踩在钢筋骨架上进行绑扎。

3）根据设计图纸中主筋、分布筋的方向，先绑扎主筋后绑扎分布筋，每个交点均应绑扎。板筋要锚固到梁内。

4）底板筋绑完，待踏步模板吊绑支好后，再绑扎踏步钢筋（图 8–71）。

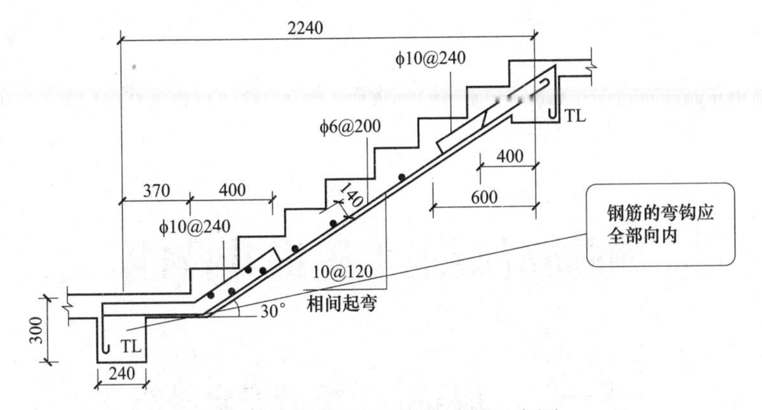

图 8–70　楼梯中的钢筋布置示意图

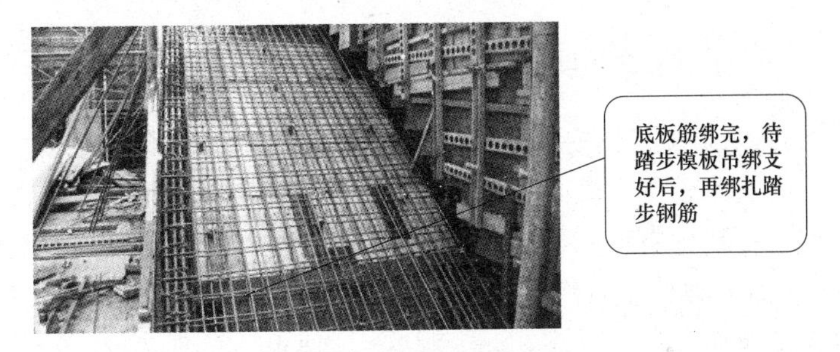

图 8–71　楼梯钢筋绑扎现场

3. 施工总结

（1）基础底板、楼板和墙的钢筋网绑扎，除靠近外围两行钢筋的相交点全部绑扎外，中间部分交叉点可间隔交错扎牢；双向受力的钢筋则需全部扎牢。相邻绑扎点的钢丝扣要成八字形，以免网片歪斜变形。钢筋绑扎接头的钢筋搭接处，应在中心和两端用钢丝扎牢。

（2）梁、柱箍筋应与受力筋垂直设置，箍筋弯钩叠合处应沿受力钢筋方向张开设置，箍筋转角与受力钢筋的交叉点均应扎牢；箍筋平直部分与纵向交叉点可间隔扎牢，以防止骨架歪斜。

第九章

钢筋混凝土工程提升技能

第一节　钢筋加工机械安全操作

一、钢筋调直切断机安全操作

1. 电源及工具安全操作规则要点

（1）不要使电源或工具受雨淋，不要在潮湿的场合工作，要确保工作场地有良好的照明。

（2）不要使工具超负载运转，必须在适合的转速下使用工具，确保安全操作。

（3）不要滥用导线，勿拖拉导线移动工具。勿用力拉导线来切断电源；应使导线远离高温、油及尖锐的东西。

（4）谨防误开动。插头一旦插进电源插座，手指就不可随便接触电源开关。插头插进电源插座之前，应检查开关是否已关上。

2. 其他重要的安全操作规则

（1）确认电源。电源电压应与铭牌上所标明的一致，在工具接通电源之前，开关应放在“关”（OFF）的位置上。

（2）手上沾水时请勿使用工具。勿在潮湿的地方或雨中使用，以防漏电。如必须在潮湿的环境中使用时，应戴上长橡胶手套和穿上防电胶鞋。

（3）应使用人造树脂凝结的砂轮，研磨时应使用砂轮的适当部位，并确保砂轮没有缺口或断裂。

二、钢筋切断机安全操作

钢筋切断机安全操作的具体内容如下：

（1）启动前必须检查切刀，刀体上没有裂纹；还要检查刀架螺栓是否已紧固，防护罩是否牢靠。然后用手盘动带轮，检查齿轮啮合间隙，调整切刀间隙。

（2）接送料工作台面应与切刀下部保持水平，工作台的长度可根据加工材料的长度决定。

（3）机械未达到正常转速时不得切料。切料时必须使用切刀的中下部位，紧握钢筋对准刃门迅速送入。

（4）在切断强度较高的低合金钢钢筋时，应换用高硬度切刀。一次切断的钢筋根数随直径大小而不同，应符合机械铭牌的规定。

三、钢筋弯曲机安全操作

（1）工作台与弯曲机台面要保持水平，并要准备好各种芯轴及工具。

（2）按所加工钢筋的直径和要求的弯曲半径装好芯轴、成形轴、挡铁轴或可变挡架。

（3）检查芯轴、挡铁、转盘（图 9–1），有无损坏和裂纹，而且防护罩应紧固可靠，经空运转确认后，才可以进行作业。

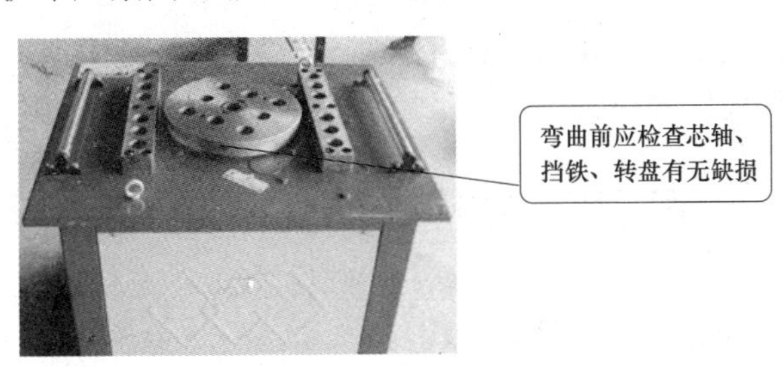

图 9–1　弯曲前的检查

（4）作业时，将钢筋需弯的一头插在转盘固定销的间隙内，另一端紧靠机身固定销，并用手压紧（图 9–2）；检查机身固定销子确实安在挡住钢筋的一侧，方可开动。

将钢筋需弯的一头插在转盘固定销的间隙内，另一端紧靠机身固定销，并用手压紧

图 9–2　弯曲作业

（5）作业中严禁更换芯轴、销子和变换角度以及调速等，也不得加油或清扫。

四、钢筋冷拔设备安全操作

钢筋冷拔设备安全操作的内容如下：

（1）卷扬机的型号和性能要经过合理选用，以适应被冷拉钢筋的直径大小。卷扬钢丝绳应经封闭式导向滑轮并与被拉钢筋方向垂直。卷扬机设置的位置必须使操作人员能见到全部冷拉场地。

（2）应在冷拉场地的两端地锚外侧设置警戒区，警戒区装有防护栏杆并设有警告标志。严禁与施工无关的人员在警戒区停留。作业时，操作人员所在的位置必须远离被拉钢筋 2m 以外。

（3）夜间工作的照明设施应设在冷拉危险区外。如果必须装设在场地上空时，其高度应离地面 5m 以上；灯泡应加防护罩，不得用裸线作为导线。

第二节　预应力筋制作与安装

一、预应力筋下料

1. 常态下料

对于钢筋较平直或对下料长度误差要求不高的预应力筋可

直接下料，如有局部弯曲，可采用机械扳直后方能下料，对于粗钢筋要先调直，再下料。

2. 应力下料

对长度要求较严的一些钢丝束，如镦头锚具钢丝束等，其下料宜采用应力下料的方法（图 9–3），即在预应力筋被拉紧的状态下，量出所需长度，然后放松，再进行断料，拉紧时的控制应力为 300N/mm^2。此种方法尚应考虑下料后的弹性收缩值，以免下料过短。

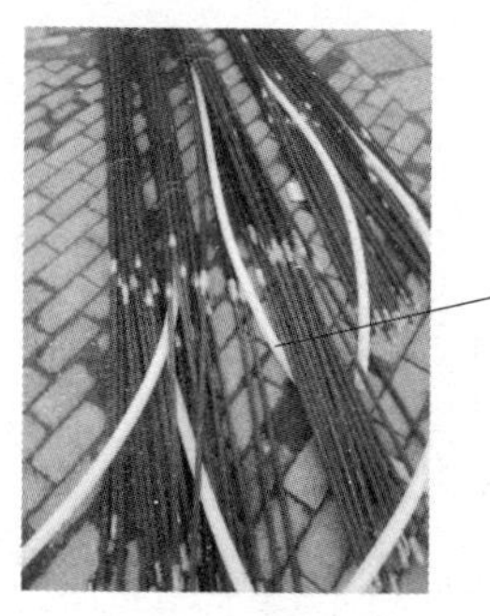

钢丝束两端采用镦头锚具时，同一束中各根钢丝下料长度的相对差值，应不大于钢丝束长度的1/5000，且不得大于5mm。对长度不大于6m的先张法预应力构件，当钢丝成组张拉时，同组钢丝下料长度的相对差值，不得大于2mm

图 9–3　施工现场应力下料

3. 断料方法

钢丝、钢绞线、热处理钢筋及冷拉Ⅳ级钢筋宜采用砂轮锯或切断机切断（图 9–4），不得采用电弧切割，以免因打火烧伤钢筋及过高的温度造成钢筋强度降低。

宜采用砂轮锯或切断机切断

图 9–4　现场采用砂轮切钢筋

对于较细的钢丝，一般可用于手动断线钳或机动剪子断料。需要镦头时切断面应力求平整且与母材垂直。

钢绞线下料前，应在切割口两侧各 5cm 处用钢丝绑扎，切割后将切割口焊牢，以免钢绞线松散。

4. 施工总结

钢筋束的钢筋直径一般为 12mm 左右，成盘供料，下料前应经开盘、冷拉、调直、镦粗（仅用镦粗锚具），下料时每根钢筋（同一钢丝束钢丝）长度应一致，误差不超过 5mm。

二、预应力筋镦头

1. 工艺流程

工艺流程如下：

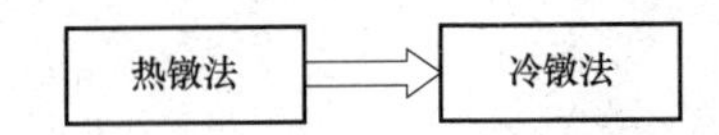

2. 施工工艺

（1）热镦法。热镦时（图 9–5），应先经除锈（端头 15～20cm 范围内）、矫直、端面磨平等工序，再夹入模具，并留出一定镦头留量（1.5～2d），操作时使钢筋头与紫铜棒相接触，在一定压力下进行多次脉冲式通电加热，带端头发红发软时，即转入交替加热加压，直至预留的镦头留量完全压缩为止，镦头外径一般为 1.5～1.8d，对Ⅳ级钢筋需冷却后，再夹持镦头进行通电 15～25s 热处理。

操作时要注意中心线对准，夹具要夹紧，加热应缓慢进行，通电时间要短，压力要小，防止成型不良或过热烧伤，同时避免骤冷

图 9–5 热镦施工

（2）冷镦法。冷镦时，机械式镦头要调整好镦头模具与夹具间的距离，使钢筋有一定的镦头留量。液压式镦头留量为 1.5～2*d*，要求下料长度一致。

3. 施工总结

当钢丝束两端均采用镦头锚具时，同一束中各根钢丝长度的极差不应大于钢丝长度的 1/5000，且不应大于 5mm。当成组张拉长度不大于 10m 的钢丝时，同组钢丝长度的极差不得大于 2mm。

三、预应力筋孔道留设

1. 工艺流程

工艺流程如下：

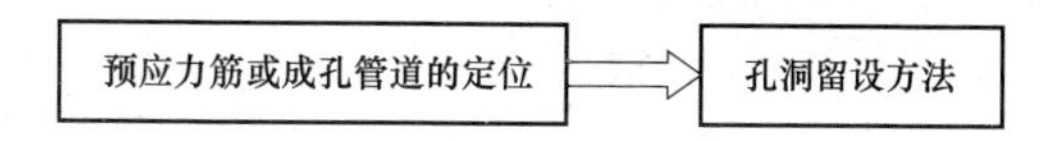

2. 施工工艺

（1）预应力筋或成孔管道的定位内容：预应力筋或成孔管道应与定位钢筋绑扎牢固，定位钢筋直径不宜小于 10mm，间距不宜大于 1.2m，板中无黏结预应力筋的定位间距可适当放宽，扁形管道、塑料波纹管或预应力筋曲线曲率较大处的定位间距宜适当缩小。

（2）孔洞留设方法。

1）钢管轴芯法。这种方法大都用于留设直线孔道时，预先将钢管埋设在模板内的孔道位置处，固定钢管（图 9–6）。钢管要平直，表面要光滑，每根长度最好不超过 15m，钢管两端应各伸出构件约 500mm。较长的构件可采用两根钢管，中间用套管连接（图 9–7）。在混凝土浇筑过程中和混凝土初凝后，每间隔一定时间慢慢转动钢管，不让混凝土与钢管粘牢，等到混凝土终凝前抽出钢管（图 9–8）。抽管顺序宜先上后下，抽管可采用人工或卷扬机，速度必须均匀，边抽边转，与孔道保持直线。

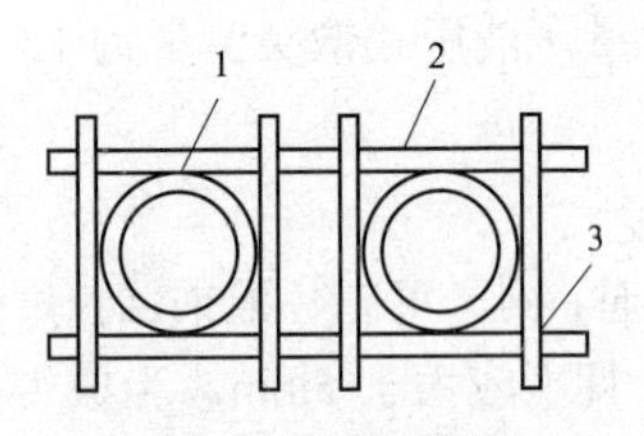

图 9–6　钢管的固定

1—钢管或胶管芯；2—钢筋；3—点焊

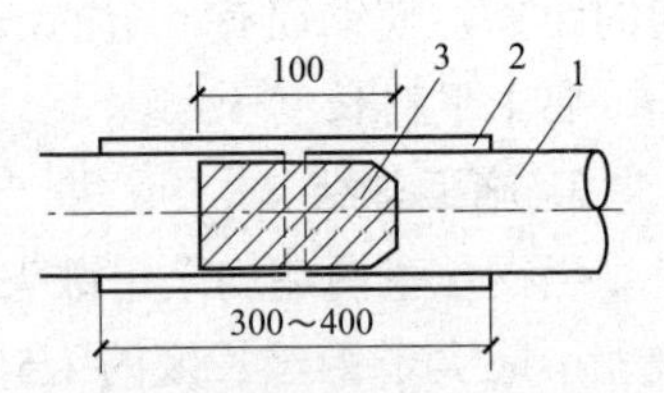

图 9–7　钢管连接方式示意图

1—钢管；2—白铁皮套管；3—硬木塞

抽管过早，会造成坍孔事故；太晚，则混凝土与钢管黏结牢固，抽管困难。常温下抽管时间，在混凝土浇灌后3～6h

图 9–8　施工现场抽管

2）胶管抽芯法。此方法不仅可以留设直线孔洞，也可留设曲线孔道，胶管弹性好，便于弯曲。一般有五层或七层帆布胶管和钢丝网橡皮管两种，工程实践中通常用前一端密封（图 9–9），另一端接阀门充水或充气。胶管具有一定弹性，在拉力作用下，其断面能缩小，故在混凝土初凝后即可把胶管抽拔出来（图 9--10）。在

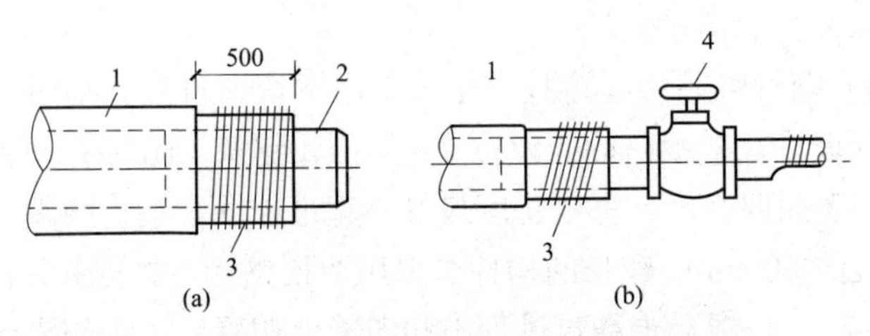

图 9–9　胶管封端与连接示意图

（a）胶管封端；（b）胶管与阀门连接

1—胶管；2—钢管堵头；3—20 号铅丝密缠；4—阀门

浇筑混凝土前，胶皮管中充入压力为0.6～0.8MPa的压缩空气或压力水，此时胶皮管直径可增大3mm左右，然后浇筑混凝土，带混凝土初凝后，放出压缩空气或压力水，胶管孔径变小，并与混凝土脱离，随即抽出胶管，形成孔道。

图9–10　抽拔胶管

3）预埋管法。预埋管采用一种金属波纹软管（图9–11），是由镀锌薄钢带经波纹卷管机压波卷成，具有重量轻、刚度好、弯折方便、连接简便、与混凝土黏结较好等优点。

波纹管的内径为50～100mm，管壁厚0.25～0.3mm。除圆形管外，另有新研制的扁形波纹管可用于板式结构中，扁管的长边边长为短边边长的2.5～4.5倍

图9–11　现场预埋管

这种孔道成形方法一般用于采用钢丝或钢绞线作为预应力筋的大型构件或结构中，可直接把下好料的钢丝、钢绞线在孔道成形前就穿入波纹管中，这样可以省掉穿束工序，也可待孔道成形后再进行穿束。

3. 施工总结

（1）金属波纹管或塑料波纹管安装前，应按设计要求在箍筋上标出预应力筋的曲线坐标位置，点焊钢筋支托。支托间距：对圆形金属波纹管宜为 1.0～1.2m，对扁形金属波纹管和塑料波纹管宜为 0.8～1.0m。

（2）采用钢管或胶管抽芯成孔时，钢筋井字架的间距：对钢管宜为 1.0～1.2m，对胶管宜为 0.6～0.8m。浇筑混凝土后，应陆续转动钢管，待混凝土初凝后、终凝前抽出。

（3）灌浆管或泌水管与波纹管连接时，可在波纹管上开洞，覆盖海绵垫和塑料弧形压板并与波纹管扎牢，再用增强塑料管插在弧形压板的接口上，且伸出构件顶面不宜小于 500mm。

四、预应力筋安装

1. 工艺流程

工艺流程如下：

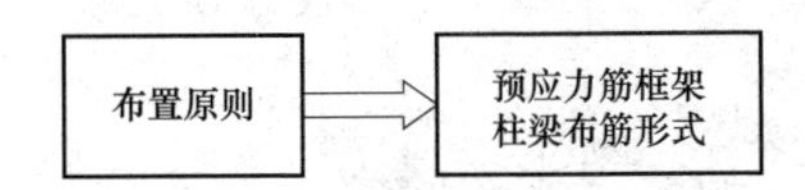

2. 施工工艺

（1）布置原则。预应力筋布置原则的内容如图 9–12 所示。

1）一般均布荷载作用下的板，预应力筋的间距为 250～500mm，最大间距对单向板允许为板厚的 6 倍；对双向板允许为板厚的 8 倍。允许安装偏差，矢高方向为±5mm；水平方向为±30mm。

2）构件中预应力筋弯折处应加密箍筋或沿弯折处内侧设置钢筋网片。

3）当构件截面高度处有集中荷载时，如该处的附加吊筋影响预应力筋孔道铺设，可将吊筋移位，或改为等效的附加箍筋。

4）弯梁中配置预应力筋时，应在水平曲线预应力筋内侧设置U形防崩裂的构造钢筋，并与外侧钢筋骨架焊牢。

5）当框架梁的负弯矩钢筋在梁端向下弯折碰到锚垫板等埋件时，可缩进向下弯、侧弯或上弯，但必须满足锚固长度的要求。

6）在框架柱节点处，预应力筋张拉端的锚垫板等埋件受柱主筋影响时，宜将柱的主筋移位，但应满足柱的正截面承载力要求。

7）在现浇结构中，受预应力筋张拉影响可能出现裂缝的部位，应配置附加构造钢筋。

（2）预应力筋框架梁布筋形式

1）正反抛物线形布置如图9–12所示。

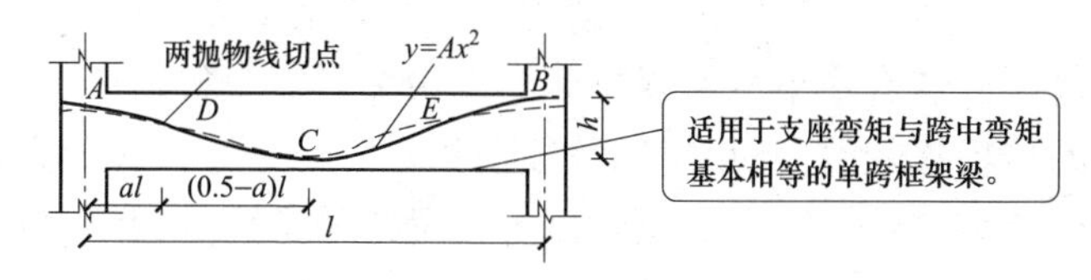

图9–12　正反抛物线形布置示意图

2）直线与抛物线相切布置如图9–13所示。

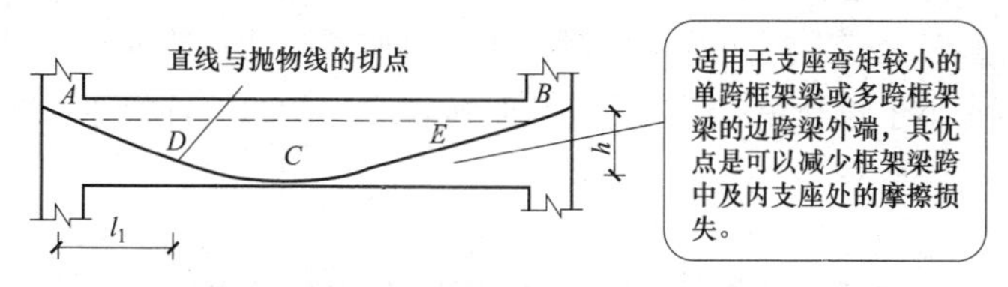

图9–13　直线与抛物线相切布置示意图

3）折线形布置如图9–14所示。

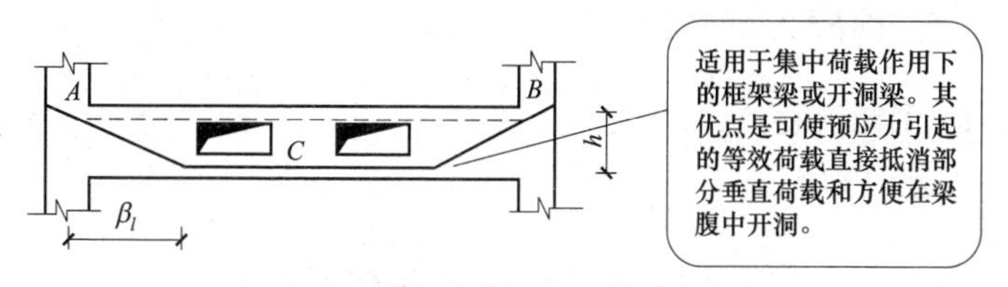

图9–14　折线形布置示意图

4）连续布置如图 9–15 所示。

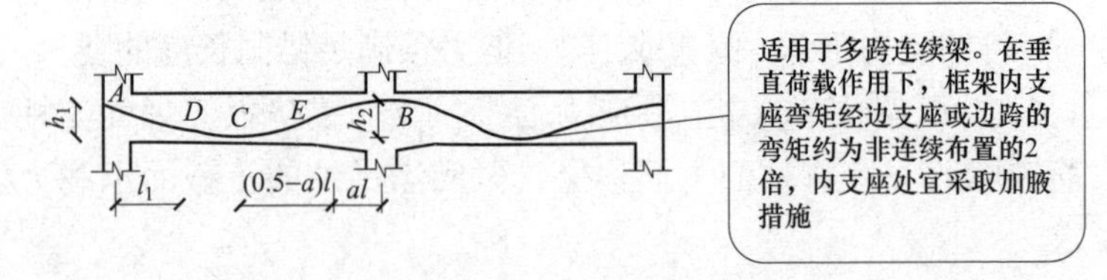

图 9–15　连续布置示意图

3. 施工总结

（1）穿束的方法可采用人力、卷扬机或穿束机单根穿或整束穿。对超长束、特重束、多波曲线束等宜采用卷扬机整束穿，束的前端应装有穿束网套或特制的牵引头。穿束机适用于穿大批量的单根钢绞线，穿束时钢绞线前头宜套一个子弹头形壳帽。采用先穿束法穿多跨曲线束时，可在梁跨的中部处留设穿束助力段。

（2）预应力筋宜从内埋式固定端穿入。当固定端采用挤压锚具时，从孔道末端至锚垫板的距离应满足成组挤压锚具的安装要求；当固定端采用压花锚具时，从孔道末端至梨形头的直线锚固段不应小于设计值。预应力筋从张拉端穿出的长度应满足张拉设备的操作要求。

第三节　预应力筋张拉和张放

一、预应力筋张拉

1. 工艺流程

工艺流程如下：

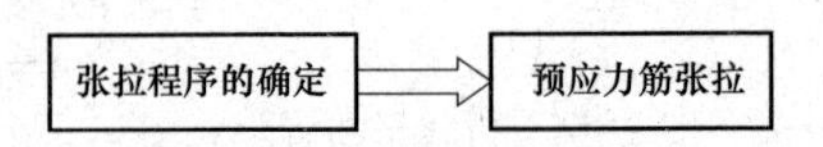

2. 施工工艺

（1）张拉程序的确定。

1）预应力筋的张拉顺序应符合的规定如下：

① 张拉顺序应根据结构受力特点、施工方便及操作安全等因素确定。

② 预应力筋张拉宜符合均匀、对称的原则。

③ 对现浇预应力混凝土楼盖，宜先张拉楼板、次梁的预应力筋，后张拉主梁的预应力筋。

2）对预制屋架等平卧叠浇构件，应从上而下逐榀张拉。先张法预应力筋的放张顺序应符合的规定如下：

① 宜采取缓慢放张工艺进行逐根或整体放张。

② 对轴心受压构件，所有预应力筋宜同时放张。

③ 对受弯或偏心受压的构件，应先同时放张预压应力较小区域的预应力筋，再同时放张预压应力较大区域的预应力筋。

④ 当不能按上述规定放张时，应分阶段、对称、相互交错放张。

（2）预应力筋张拉。

1）在三横梁式（图 9–16）或四横梁式台座（图 9–17）上生产大型预应力构件时，可采用台座式千斤顶成组张拉预应力钢筋。

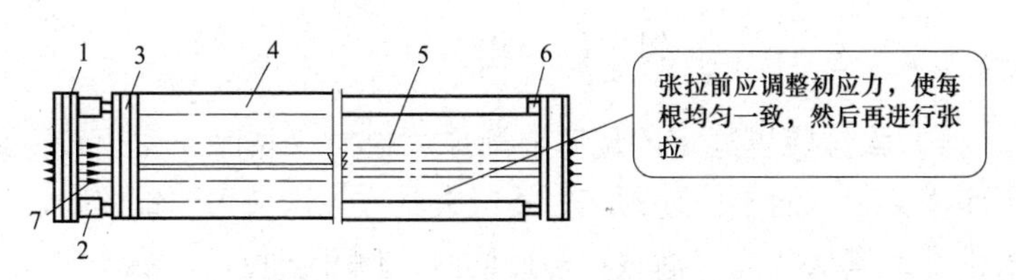

图 9–16　三横式成组预应力筋张拉

1—活动横梁；2—千斤顶；3—固定横梁；4—槽式台座；

5—预应力筋（丝）；6—放松装置；7—连接配件

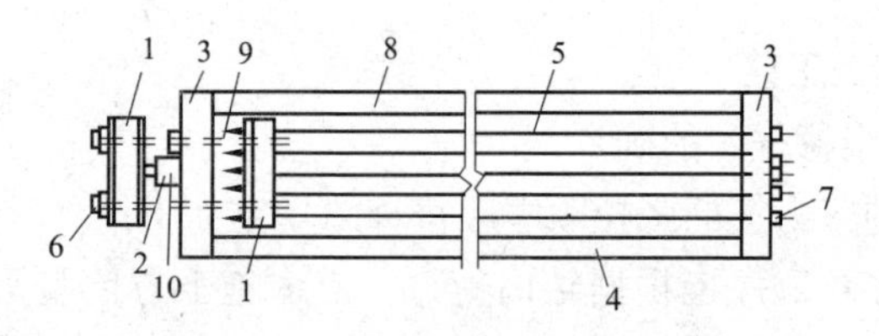

图 9–17　四横式成组预应力筋张拉

1—活动横梁；2—千斤顶；3—固定横梁；4—槽式台座；5—预应力筋（丝）；6—放松装置；7—连接器；8—台座传力柱；9—大螺杆；10—螺母

2）在预制厂以机组流水法生产预应力多孔板时，可在钢模上用镦头梳筋板夹具成批张拉。钢丝两端镦粗，一端卡在固定梳筋板上，另一端卡在张拉端的活动梳筋板上，通过张拉钩和拉杆式千斤顶进行成组张拉。

3）多根预应力筋同时张拉（图 9–18）时，必须事先调整初应力，使其相间的应力一致。张拉过程中，成抽查预应力值，其偏差不得大于或小于按一个构件全部钢丝预应力总估的 5%；其断丝或滑丝数量不得大于钢丝总数的 3%。

多根张拉钢筋（丝）时，应按对称位置进行，并考虑下批张拉所造成的预应力损失

图 9–18　预应力筋张拉

4）张拉应以稳定的速率逐渐加大拉力，并保证使拉力传到台座横梁上，而不应使预应力筋或夹具产生次应力。锚固时，敲击锥塞或楔块成先轻后重；与此同时，倒开张拉机，放松钢丝，两者应密切配合，既要减少钢丝滑移，又要防止锤击力过大，导致钢丝在锚固夹具与张拉夹具处受力过大而断裂。张拉设备应逐步放松。

3. 施工总结

注意张拉中的情况，如发现滑丝或断裂，要及时停止张拉，进行检查。规范中规定对后张法构件，断、滑丝严禁超过结构同一截面预应力钢材总根数的 3%，且一束钢丝只允许一根。

二、预应力筋放张

1. 工艺流程

工艺流程如下：

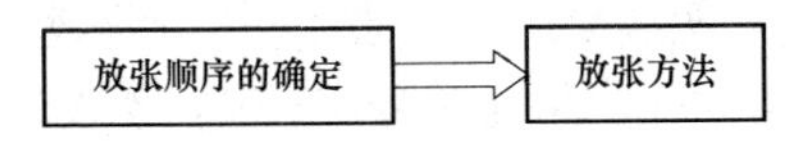

2. 施工工艺

（1）放张顺序的确定。

1）先张法预应力筋的放张应符合的规定如下：

① 对承受轴心预压力的构件（如压杆、桩等），所有预应力筋应同时放张。

② 对承受偏心预压力的构件（如梁等），应先同时放张预压力较小区域的预应力筋，再同时放张预压力较大区域的预应力筋。

③ 当不能按上述规定放张时，应分阶段、对称、相互交错放张。

2）对配筋不多的预应力钢丝混凝土构件，预应力钢丝放张可采用剪切、割断和熔断的方法逐根放张，并应自中间向两侧进行。对配筋较多的预应力钢丝混凝土构件，预应力钢丝放张应同时进行，不得采用逐根放张的方法，以防止最后的预应力钢丝因应力增加过大而断裂或使构件端部开裂。

3）对预应力钢筋混凝土构件，预应力钢筋放张应缓慢进行。预应力钢筋数量较少，可逐根放张；预应力钢筋数量较多，则应同时放张。对于轴心受压的预应力混凝土构件，预应力筋应同时放张（图 9–19）。

对于偏心受压的预应力混凝土构件，应同时放张预压应力较小区域的预应力筋，再同时放张预压应力较大区域的预应力筋

图 9–19　预应力筋放张

4）如果轴心受压的或偏心受压的预应力混凝土构件，不能按上述规定进行预应力筋放张，则应采用分阶段、对称、相互交错的放张方法，以防止在放张过程中，预应力混凝土构件发生翘曲，出现裂缝和预应力筋断裂等现象。

（2）放张方法。

1）放张过程中所使用的工具见表 9–1。

表 9–1　　　　**放　张　工　具**

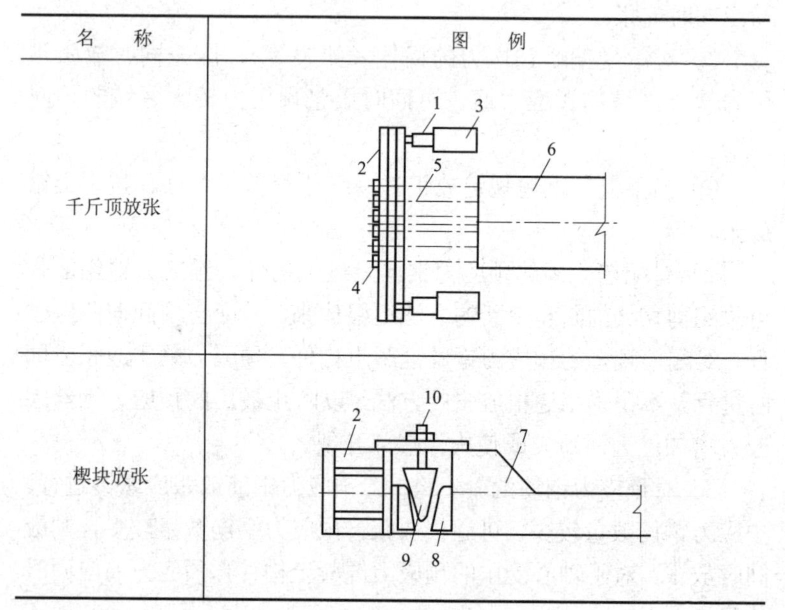

名　称	图　例
千斤顶放张	
楔块放张	

续表

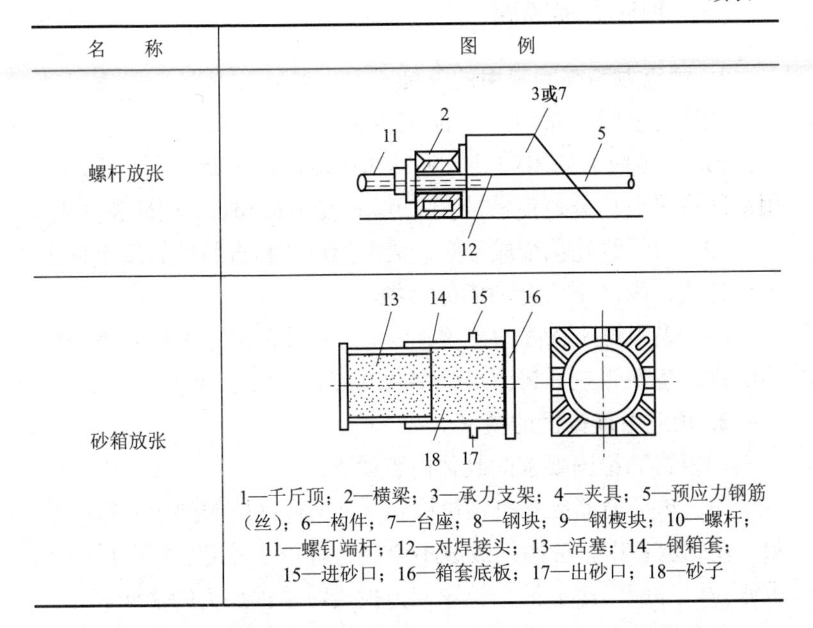

名　　称	图　　例
螺杆放张	
砂箱放张	1—千斤顶；2—横梁；3—承力支架；4—夹具；5—预应力钢筋（丝）；6—构件；7—台座；8—钢块；9—钢楔块；10—螺杆；11—螺钉端杆；12—对焊接头；13—活塞；14—钢箱套；15—进砂口；16—箱套底板；17—出砂口；18—砂子

2）对于预应力混凝土构件，为避免预应力筋一次放张时，对构件产生过大的冲击力，可利用楔块或砂箱装置配合缓慢放张。

3）楔块装置放置在台座与横梁之间，放张预应力筋时，旋转螺母使螺杆向上运动，带动楔块向上移动，横梁向台座方向移动，预应力筋得到放松。

4）砂箱装置放置在台座与横梁之间。砂箱装置由钢制的套箱和活塞组成，内装石英砂或铁砂。预应力筋放张时，将出砂口打开，砂缓慢流出，从而使预应力筋慢慢地放张。

3. 施工总结

（1）后张法预应力结构拆除或开洞时，应有专项预应力放张方案，防止高应力状态的预应力筋弹出伤人。

（2）后张法预应力筋张拉锚固后，如遇到特殊情况需要放张，它在工作锚上安装拆锚器，采用小型千斤顶逐根放张。

三、预应力筋锚固

1. 预应力筋锚固常用的工具

预应力筋锚固常用工具的内容如下：

（1） 预应力筋用锚具、夹具和连接器，在储存、运输及使用期间应采取措施避免锈蚀、玷污、遭受机械损伤、混淆和散失。

（2）钢绞线轧花锚成形时，梨形头尺寸和直线段长度不应小于设计值，表面不应有油脂或污物。

（3）采用螺母锚固的支承式锚具，安装前应逐个检查螺纹的匹配性，确保张拉和锚固工程中顺利旋合拧紧。

2. 预应力筋锚固的要求

预应力筋锚固要求的具体内容如下：

（1）预应力筋应整束张拉锚固。对平行排放的预应力钢绞线束，在确保各根预应力钢绞线不会叠压时，可采用小型千斤顶逐根张拉，并应考虑分批张拉预应力损失对总预加力的影响。

（2）锚具和连接器安装时应与孔道对中。锚垫板上设置对中止口时，应防止锚具偏出止口，夹片式锚具安装时，夹片的外露长度应一致。

（3）千斤顶安装时，工具锚应与工作锚对正，工具锚和工作锚之间的各根预应力筋不得错位、扭绞。

第十章

砌筑工程必备技能

第一节　砖砌体施工

一、一顺一丁砌法施工

1. 工艺流程

工艺流程如下：

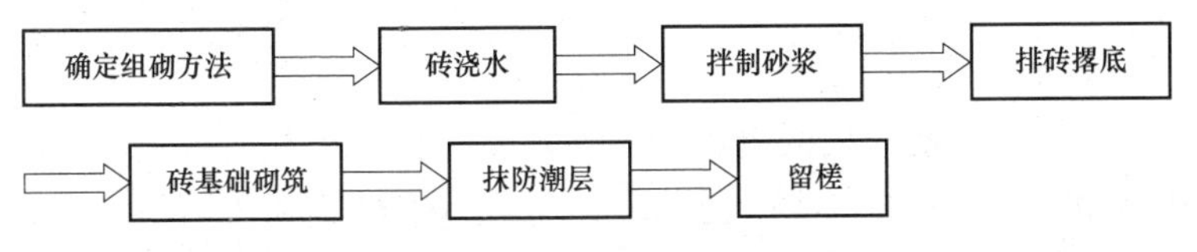

2. 施工工艺

（1）确定组砌方法。组砌方法应正确，一般采用一顺一丁（满丁、满条，如图 10–1 所示）排砖法。砖砌体的转角处和内外墙体交接处应同时砌筑，当不能同时砌筑时，应按规定留槎，并做好接槎处理。基底标高不同时，应从低处砌起，并应由高处向低处搭接。

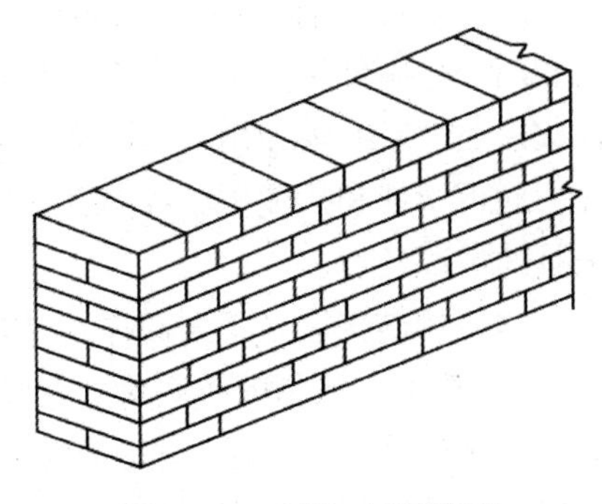

图 10–1　一顺一丁示意图

（2）砖浇水。砖应在砌

筑前1～2d浇水湿润，烧结普通砖一般以水浸入砖四边15mm为宜，含水率 10%～15%；煤矸石页岩实心砖含水率 8%～12%，常温施工不得用干砖上墙，不得使用含水率达饱和状态的砖砌墙，冬期施工清除冰霜，砖可以不浇水，但应加大砂浆稠度。

（3）拌制砂浆。

1）干拌砂浆宜采用机械搅拌。如采用连续式搅拌器，应以产品使用说明书要求的加水量为基准，并根据现场施工稠度微调拌和加水量；如采用手持式电动搅拌器，应严格按照产品使用说明书规定的加水量进行搅拌，先在容器内放入规定量的拌和水，再在不断搅拌的情况下陆续加入干拌砂浆，搅拌时间宜为 3～5min，静停10min后再搅拌不少于0.5min。

2）砂浆的配合比应由试验室经试配确定。在砂浆中掺入有机塑化剂、早强剂、缓凝剂、防冻剂等，经检验和试配符合要求后，方可使用。有机塑化剂应有砌体强度的型式检验报告。

3）砂浆配合比应采取重量比。计量精度：水泥±2%，砂、灰膏控制在±5%以内。

4）泥砂浆应采取机械搅拌，先倒砂子、水泥、掺和料，最后倒水。搅拌时间不少于2min。水泥粉煤灰砂浆和掺用外加剂的砂浆搅拌时间不得少于3min，掺用有机塑化剂的砂浆，应为3～5min。

5）砂浆应随拌随用，水泥砂浆和水泥混合砂浆必须在拌成后3h和4h内使用完毕。当施工期间最高温度超过时，应分别在拌成后2h和3h内使用完毕。超过上述时间的砂浆，不得使用，并不应再次拌和后使用。对掺用缓凝剂的砂浆，其使用时间可根据具体情况延长。

（4）排砖撂底（干摆砖样），如图10–2所示。

1）基础大放脚的撂底尺寸及收退方法，必须符合设计图纸规定，如果是一层一退，里外均应砌丁砖；如果是两层一退，第一层为条砖，第二层砌丁砖。

图 10–2　排砖撂底

2）大放脚的转角处，应按规定放七分头，其数量为一砖墙放两块、一砖半厚墙放三块、二砖墙放四块，以此类推。

（5）砖基础砌筑（图 10–3）。

图 10–3　砖基础砌筑

1）砖基础砌筑前，基底垫层表面应清扫干净，洒水湿润。先盘墙角，每次盘角高度不应超过五层砖，随盘随靠平、吊直。

2）砖基础墙应挂线，240mm 墙反手挂线，370mm 以上墙应双面挂线。

3）基础大放脚砌到基础墙时，要拉线检查轴线及边线，保证基础墙身位置正确。同时要对照皮数杆的砖层及标高；如有高低差时，应在水平灰缝中逐渐调整，使墙的层数与皮数杆相一致。

（6）抹防潮层。抹防潮层砂架前，将墙顶活动砖重新砌好，清扫干净，浇水湿润，基础墙体应抄出标高线（一般以外墙室外控制水平线为基准），墙上顶两侧用木八字尺杆卡牢，复核标高尺寸无误后，倒入防水砂浆，随即用木抹子搓平，设计无规定时，一般厚度为20mm，防水粉掺量为混凝土重量的3%～5%。

（7）留槎（图10–4）。流水段分段位置应在变形缝或门窗口角处，隔墙与墙或柱不同时砌筑时，可留阳槎加预埋拉结筋。沿墙高每500mm预埋ϕ6钢筋2根，其埋入长度从墙的留槎计算起，一般每边均不小于1000mm，末端应加180°弯钩。

图10–4　留槎

3. 施工总结

（1）基础墙身位移：大放脚两侧边收退要均匀，砌到基础墙身时，要拉线找正墙的轴线和边线。砌筑时保持墙身垂直。

（2）皮数杆不平：抄平放线时，要细致认真；钉皮数杆的木桩要牢固，防止碰撞松动。皮数杆立完后，要复验，确保皮数杆标高一致。

（3）水平灰缝不平：盘角时灰缝要掌握均匀，每层砖都要与皮数杆对平，通线要绷紧穿平。砌筑时要左右照顾，避免接槎处接得高低不平。

（4）灰缝大小不匀：立皮数杆要保证标高一致，盘角时灰缝要掌握均匀，砌砖时小线要拉紧，防止一层线松，一层线紧。

二、三顺一丁砌法和梅花丁砌法施工

1. 工艺流程

工艺流程如下：

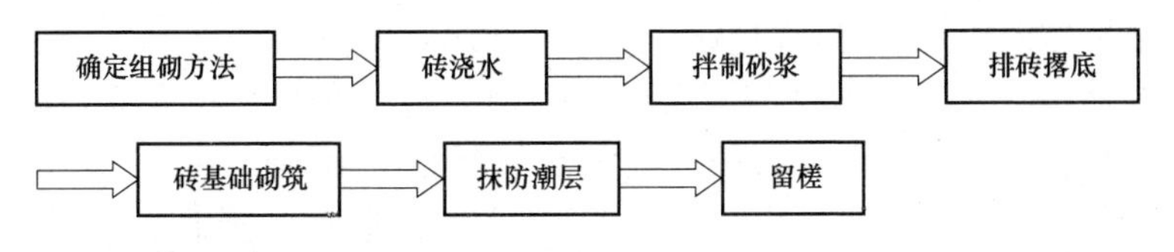

2. 施工工艺

（1）梅花丁砌法（图 10–5），是指一面墙的每一皮中均采用丁砖与顺砖左右间隔砌成，每一块丁砖均在上下两块顺砖长度的中心，上下皮竖缝相错 1/4 砖长。该砌法砖缝整齐，外表美观，结构的整体性好，但砌筑效率较低，适用于砌筑一砖或一砖半的清水墙。当转的规格偏差较大时，采用梅花丁砌法，有利于减少墙面的不整齐性。

图 10–5　梅花丁砌法

（2）三顺一丁砌法，是指一面墙的连续三皮中全部采用顺砖与一皮中全部采用丁砖上下间隔砌成，上下相邻两皮顺砖间的竖缝相互错开 1/2 砖长（125mm），上下皮顺砖与丁砖间竖缝相互错开 1/4 砖长。该砌法因砌顺砖较多，所以砌筑速度快，但因丁砖拉结较少，结构的整体性较差，在实际工程中应用较少，适用于砌筑一砖墙或一砖半墙。

（3）砖浇水的步骤及方法同一顺一丁砖浇水的方法。

（4）拌制砂浆的方法及步骤同一顺一丁砂浆拌制的方法。

（5）砖墙排砖撂底（干摆砖样）：一般外墙第一层砖撂底时，两山墙排丁砖，前后檐纵墙排条砖。根据弹好的门窗洞口位置线，认真核对窗间墙、垛尺寸，按其长度排砖。窗口尺寸不符合排砖好活的时候，可以将门窗洞口的位置在 60mm 范围内左右移动。破活应排在窗口中间、附墙垛或其他不明显的部位。移动门窗洞口位置时，应注意暖卫立管安装及门窗开启时不受影响。排砖时必须做全盘考虑，前后檐墙排第一皮砖时，要考虑甩窗口后砌条砖，窗角上应砌七分头砖才是好活。

（6）砖墙砌筑。

1）选砖：砌清水墙应选棱角整齐，无弯曲、裂纹，颜色均匀，规格基本一致的砖。敲击时声音响亮，焙烧过火变色，变形的砖可用在不影响外观的内墙上。灰砂砖不宜与其他品种砖混合砌筑。

2）盘角：砌砖前应先盘角，每次盘角不应超过五皮，新盘的大角，及时进行吊、靠。如有偏差要及时修整。盘角时应仔细对照皮数杆的砖层和标高，控制好灰缝大小，使水平灰缝均匀一致。大角盘好后再复查一次，平整和垂直完全符合要求后，再挂线砌墙。

3）挂线：砌筑砖墙厚度超过一砖半厚（370mm）时，应双面挂线。超过 10m 的长墙，中间应设支线点，小线要拉紧，每皮砖都要穿线看平，使水平缝均匀一致，平直通顺；砌一砖厚（240mm）混水墙时宜采用外手挂线，可照顾砖墙两面平整，为下道工序控制抹灰厚度奠定基础。

4）砌砖：砌砖时砖要放平，里手高，墙面就要张；里手低，墙面就要背。砌砖应跟线，“上跟线，下跟棱，左右相邻要对平”。

5）烧结普通砖水平灰缝厚度和竖向灰缝宽度一般为 10mm，但不应小于 8mm，也不应大于 12mm；蒸压（养）砖水平灰缝厚度和竖向灰缝宽度一般为 10mm，但不应小于 9mm，也不应大于 12mm。

6）240mm 厚承重墙的每层墙的最上一皮砖，砖砌体的台阶水平面上及挑出层，应整砖丁砌。

（7）留槎。

1）除构造柱外，砖砌体的转角处和交接处应同时砌筑，严禁无可靠措施的内外墙分砌施工。对不能同时砌筑而又必须留置的临时间断处应砌成斜槎，斜槎水平投影长度不应小于高度的 2/3。槎子必须平直、通顺。

2）施工洞口留设：洞口侧边离交接处外墙面不应小于 500mm，洞口净宽度不应超过 1m。施工洞口可留直槎。

3）预埋混凝土砖、木砖：户门框、外窗框处采用预埋混凝土砖，室内门框采用木砖或混凝土砖。混凝土砖采用 C15 混凝土现场制作而成，和砖尺寸大小相同；木砖预埋时应小头在外，大头在内，数量按洞口高度确定。洞口高在 1.2m 以内，每边放 2 块；高 1.2～2m，每边放 3 块；高 2～3m，每边放 4 块。预埋砖的部位一般在洞口上边或下边四皮砖，中间均匀分布。木砖要提前做好防腐处理。

3. 施工总结

（1）埋入砌体中的拉结筋位置不准：应随时注意正在砌的皮数，保证按皮数杆标明的位置放拉结筋，其外露部分在施工中不得任意弯折；并保证其长度符合设计要求。

（2）留槎不符合要求：砌体的转角和交接处应同时砌筑，否则应砌成斜槎。

（3）清水墙游丁走缝：排砖时必须把立缝排匀，砌完一步架高，每隔 2m 间距在丁砖立棱处用托线板吊直弹线，二步架往上继续吊直弹线，由低往上所有七分头的长度应保持一致，对于质量要求较高的工程、七分头砖切割时宜采用无齿锯切割，上层分窗口位置时必同下窗口保持垂直。

第二节 石砌体施工

一、石砌体现场作业

1. 工艺流程

工艺流程如下：

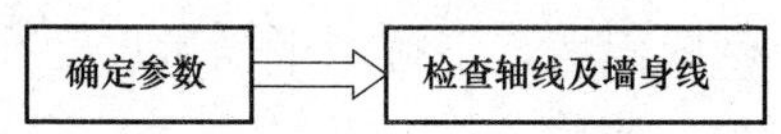

2. 施工工艺

（1）基础垫层已弹好轴线及墙身线，立好皮数杆，其间距约15m为宜。转角处应设皮数杆，皮数杆上应注明砌筑皮数及砌筑高度等。

（2）砌筑前拉线检查基础或垫层表面、标高尺寸是否符合设计要求。如第一皮水平灰缝厚度超过20mm时，应用细石混凝土找平，不得用砌筑砂浆掺石子代替。

3. 施工总结

（1）砂浆配合比由实验室确定，计量设备经检验合格，砂浆试模已经备好。

（2）毛石应按砌筑的数量堆放于砌筑部位附近；料石应按规格和数量在砌筑前组织人员集中加工，按不同规格分类堆放、码齐，以备使用。

二、毛石砌筑

1. 工艺流程

工艺流程如下：

2. 施工工艺

基础（图 10–6）的顶面宽度比墙厚大 200mm，即每边宽出 100mm，每阶高度一般为 300～400mm，并至少砌两皮毛石。上级阶梯的石块应至少压砌下级阶梯的 1/2，相邻阶梯的毛石应相互错缝搭砌。毛石基础必须设置拉结石。毛石基础同皮内每隔 2m 左右设置一块。拉结石长度：如基础宽度等于或小于 400mm，应与基础宽度相等；如基础宽度大于 400mm，可用两块拉结石内外搭接，搭接长度不应小于 150mm，且其中一块拉结石长度不应小于基础宽度的 2/3。

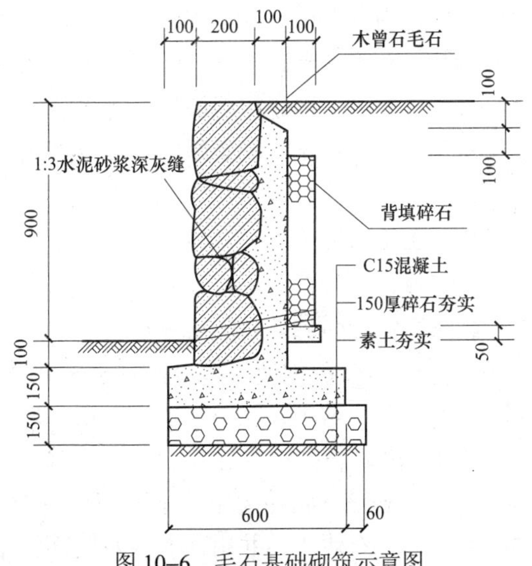

图 10–6　毛石基础砌筑示意图

3. 施工总结

（1）毛石墙和砖墙相接的转角处和交接处应同时砌筑。转角处应自纵墙（或横墙）每隔 4～6 皮砖高度引出不小于 120mm 与横墙或纵墙相接；交接处应自纵墙每隔 4～6 皮砖高度引出不小于 120mm 与横墙相接。

（2）毛料石砌体必须设置拉结石。拉结石应均匀分布、相互错开，毛石基础同皮内每隔 2m 左右设置一块；毛石墙一般每 $0.7m^2$ 墙面至少应设置一块，且同皮内的中距不应大于 2m。

三、墙体砌筑

1. 工艺流程

工艺流程如下：

2. 施工工艺

（1）砌筑方法采用坐浆法。砌前先试摆，使石料大小搭配，大面平方朝下，应利用自然形状经修理使其能与先砌毛石基本吻合，砌筑时先砌转角处、交接处和洞口处。逐块卧砌坐浆，使砂浆饱满，每皮高 300～400mm。灰缝厚度一般控制在 20mm，铺灰厚度 30～40mm。

（2）砌筑时，避免出现通风、干缝、空缝和孔洞，墙体中间不得有铲口石、斧刃石和过桥石，同时应注意合理摆放石块，以免出现承重后发生错位、劈裂外鼓等现象。

（3）在转角及两墙交接处应有较大和较规整的垛石相互搭砌，如不能同时砌筑，应留阶梯型斜槎，不得留直槎。

（4）毛石墙每日砌筑高度不得超过 1.2m，正常气温下，停歇 4h 后可继续垒砌。每砌 3～4 层应大致找平一次。砌至楼层高度时，应不时用平整的大石块压顶并用水泥砂浆全部找平。

（5）石墙面的勾缝（图 10–7）：石墙面或柱面的勾缝形式有平缝、平凹缝、平凸缝、半圆凹缝、半圆凸缝、三角凸缝等，一般毛石墙面多采用平缝或平凸缝。

勾缝砂浆宜采用 1:1.5 水泥砂浆。毛石墙面勾缝按下列程序进行。

1）拆除墙面或柱向上临时装设的拦风绳、挂钩等物。

2）清除墙面或柱面上黏结的砂浆、泥浆、杂物和污渍等。

图 10–7　墙面勾缝

3）刷缝，即将灰缝刮深 10～20mm，不整齐处加以修整。

4）用水喷洒墙面或柱面，使其湿润，然后进行勾缝。

（6）勾缝线条应顺石缝进行，且均匀一致，深浅及厚度相同，压实抹光，搭接平整。阳角勾缝要两面方整。阴角勾缝不能上下直通。勾缝不得有丢缝、开裂或黏结不牢的现象。勾缝完毕应清扫墙面或柱面，早期应洒水养护。

3. 施工总结

料石墙砌筑有两顺一丁、丁顺组砌、全顺叠砌。两顺一丁是两皮顺石与一皮丁石相间，宜用于墙厚等于两块料石宽度时；丁顺组砌是同皮内每 1～3 块顺石与一块丁石相隔砌筑，丁石中距不大于 2m，上皮丁石坐中于下皮顺石，上下皮错缝相互错开至少 1/2 石宽，宜用于墙厚小于两块料石宽度时；全顺是每皮均匀为顺砌石，上下皮错缝相互错开 1/2 石长，宜用于墙厚度等于石宽时。

第十一章

砌筑工程提升技能

第一节 砖 砌 体 施 工

一 、预留槽洞及埋设管道

1. 工艺流程

工艺流程如下：

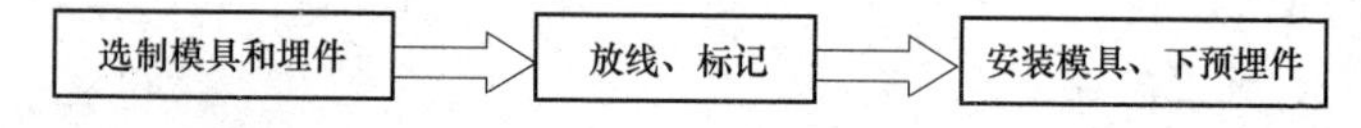

2. 施工工艺

（1）选制模具和埋件。

1）根据设计图纸，参照预留尺寸表及位置图，选定形式、材质来制作模具木砖和铁件。

2）墙上的木砖，按要求做好后，在木砖中心钉一个钉子，木砖一般用红松、白松、椴木等木料制成。须刮出斜坡，满刷防腐油。

3）混凝土捣制构件中各类管道预埋件及吊环，须按要求事先下料焊制成形后待用。

（2）放线、标记。

1）在钢筋绑扎前按图纸要求的规格、位置、标高，预留槽洞或预埋套管、预下铁件。

2）在砖墙上预留孔洞或预留暗配槽、竖管槽时，应根据管的位置及标高，根据轴线量出准确位置，向砌砖工交代清楚由砌砖工留出，并校核尺寸，以免出错。

（3）安装模具、下预埋件。

1）在混凝土墙或梁、板上安装模具时，将事先制作好的模具中心对准标注的十字进行模具安装。待支完模板后，按要求在模板上锯出孔洞，将模具或套管钉牢或用钢丝绑在周围的钢筋上，并找平找正。

2）在基础墙上预下套管时，按管道标高、位置，在瓦工砌砖或砌石时镶入，找平找正，用砂浆稳固，并应考虑到结构自由下沉时不会损伤管道。

3）在混凝土或砖基础中，预下防水套管时，两端应根据需要露出墙面一定长度，但不得小于30mm。

3. 施工总结

（1）管道安装完毕后，应采用强度等级不低于C10的细石混凝土或M10的水泥砂浆填塞。在宽度小于500mm的承重小墙段及壁柱内，不应埋设竖向管线。

（2）墙体中的竖向暗管应预埋；无法预埋需留槽时，预留槽深度及宽度不得大于95mm×95mm。

二、混凝土小型空心砌块施工

1. 工艺流程

工艺流程如下：

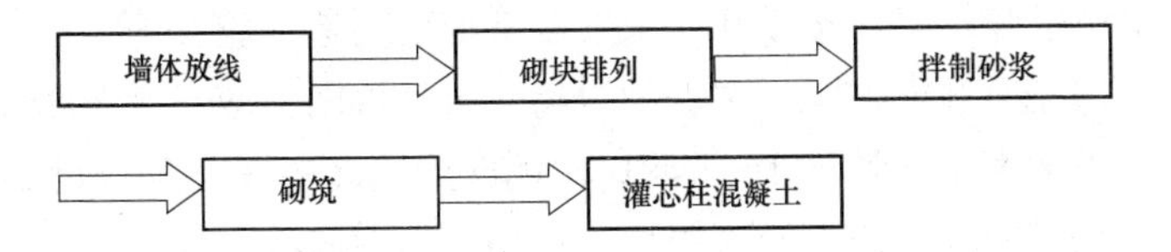

2. 施工工艺

（1）墙体放线：砌体施工前，应将基础面或楼层结构面按标高找平，依据砌筑图放出一皮砌块的轴线、砌体边线和洞口线。

（2）砌块排列（图 11–1）。

图 11–1　砌块排列

1）按砌块排列图在墙体线范围内分块定尺、画线，排列砌块的方法和要求如下：

小型空心砌块在砌筑前，应根据工程设计施工图，结合砌块的品种、规格绘制砌体砌块的排列图。围护结构或二次结构，应预先设计好地导墙、混凝土带、接顶方法等，经审核无误，按图排列砌块。

小型空心砌块排列应从基础面开始，排列时尽可能采用主规格的砌块（390mm×190mm×190mm），砌体中主规格砌块应占总量的 75%～80%。

外墙转角及纵横墙交接处，应将砌块分皮咬槎，交错搭砌，如果不能咬槎时，按设计要求采取其他的构造措施。

2）施工洞口留设：洞口侧边离交接处墙面不应小于 500mm，洞口净宽度不应超过 1m。洞口两侧应沿墙高每 3 皮砌块设 $2\phi4$ 拉结钢筋网片，锚入墙内的长度不小于 1000mm。

（3）拌制砂浆：与前面所述转砌体施工中拌制砂浆的要求相同。

（4）砌筑（图 11–2）。

图 11–2　砌筑

1）每层应从转角处或定位砌块处开始砌筑。应砌一皮、校正一皮，拉线控制砌体标高和墙面平整度。皮数杆应竖立在墙的转角处和交接处，间距宜不小于 15m。

2）在基础梁顶和楼面圈梁顶砌筑第一皮砌块时，应满铺砂浆。

3）小砌块墙体砌筑形式应每皮顺砌，上下皮应对孔错缝搭砌，竖缝应相互错开 1/2 主规格小砌块长度，搭接长度不应小于 90mm，墙体的个别部位不能满足上述要求时，应在灰缝中设置拉结钢筋或 4ϕ4 钢筋点焊网片。网片两端与竖缝的距离不得小于 400mm。但竖向通缝仍不能超过两皮小砌块。

（5）竖缝填实砂浆：每砌筑一皮，小砌块的竖凹槽部位应用砂浆填实。

（6）勒缝：混水墙面必须用原浆做勾缝处理。缺灰处应补浆压实，并宜做成凹缝，凹进墙面 2mm。清水墙宜用 1:1 水泥砂浆勾缝，凹进墙面深度一般为 3mm。

（7）灌芯柱混凝土。

1）芯柱所有孔洞均应灌实混凝土。每层墙体砌筑完后，砌筑砂浆强度达到指纹硬化时，方可浇灌芯柱混凝土；每一层的芯柱必须在一天内绕灌完毕。

2）每个层高混凝土应分两次浇灌，浇灌到1.4m左右，采用钢筋插捣或振捣棒振捣密实，然后再继续浇灌，并插（振）捣密实；当过多的水被墙体吸收后应进行复振，但必须在混凝土初凝前进行。

3）浇灌芯柱混凝土时，应设专人检查记录芯柱混凝土强度等级、坍落度、混凝土的灌入量和振捣情况，确保混凝土密实。

3. 施工总结

（1）砌体容易开裂。原因是砌块龄期不足28d，使用了断裂的小砌块，与其他块材混砌，砂浆不饱满，砌块含水率过大（砌筑前一般不需浇水）等。

（2）第一皮砌块底铺砂浆厚度不均匀。原因是基底未事先用细石混凝土找平，必然造成砌筑时灰缝厚度不一，应注意砌筑基底找平。

第二节　石砌体与配筋砌体施工

一、挡土墙砌筑与泄水孔设置

1. 工艺流程

工艺流程如下：

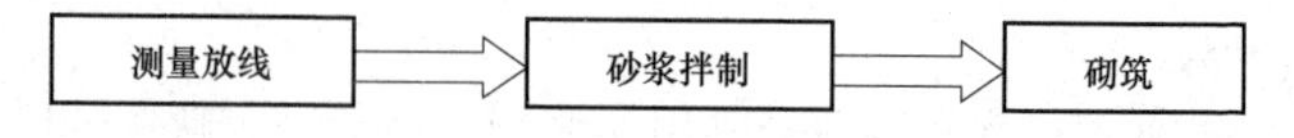

2. 施工工艺

毛石挡土墙（图11–3）外露面的灰缝厚度不得大于40mm，两个分层高度间分层处的错缝不得小于80mm。料石挡土墙宜采用丁顺组砌的砌筑形式。挡土墙的泄水孔当设计无规定时，施工应符合下列规定：泄水孔应均匀设置，在每米高度上间隔2m左右设置一个泄水孔；泄水孔与土体间铺以长宽均为 300mm、厚 200mm 的卵石或碎石作疏水层。

图 11–3 毛石挡土墙泄水孔设置

3. 施工总结

（1）当中间部分用毛石砌筑时，丁砌料石伸入毛石部分的长度不应小于 200mm。

（2）挡土墙内侧回填土必须分层夯填，分层松土厚度应为 300mm。墙顶土面应有适当坡度，使水流流向挡土墙外侧面。

二、构造柱配筋设置与绑扎

1. 工艺流程

工艺流程如下：

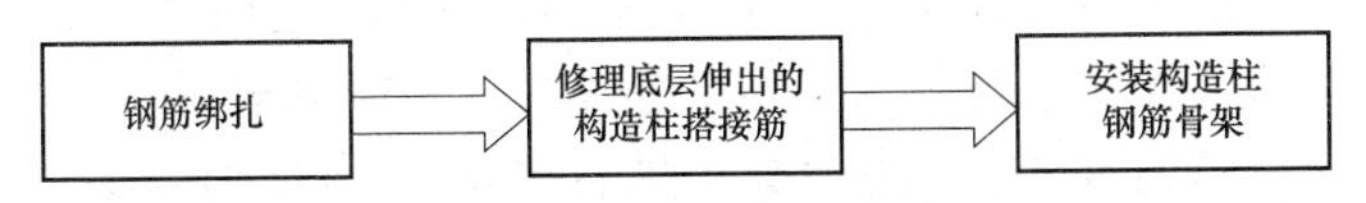

2. 施工工艺

（1）构造柱钢筋绑扎（图 11–4）。

1）先将两根竖向受力钢筋平放在绑扎架上，并在钢筋上画出箍筋间距，自柱脚起始箍筋位置距竖筋端头为 40mm。放置竖筋时，柱脚始终朝一个方向，若构造柱竖筋超过 4 根，竖筋应错开布置。

2）在钢筋上画箍筋间距时，在柱顶、柱脚与圈梁钢筋交接的部位，应按设计和规范要求加密柱的箍筋，加密范围一般在圈梁上、下均不应小于 1/6 层高或 450mm，箍筋间距不宜大于 100mm（柱脚加密区箍筋待柱骨架立起搭接后再绑扎）。

图 11–4　构造柱钢筋绑扎

有抗震要求的工程，柱顶、柱脚箍筋加密，加密范围为 1/6 柱净高，同时不小于 450mm，缩筋间距应按 $6d$ 或 100mm 加密进行控制，取较小值。钢筋绑扎接头应避开箍筋加密区，同时接头范围的箍筋加密 $5d$，且≤100mm。

（2）修整底层伸出的构造柱搭接筋。

1）根据已放好的构造柱位置线，检查搭接筋位置及搭接长度是否符合设计和规范的要求。若预留搭接筋位置偏差过大，应按 1:6 坡度进行矫正。

2）底层构造柱竖筋应与基础圈梁锚固；无基础圈梁时，埋设在柱根部混凝土座内，当墙体附有管沟时，构造柱埋设深度应大于沟深。构造柱应伸入室外地面标高以下 500mm。

（3）安装构造柱钢筋骨架（图 11–5）。

1）先在搭接处主筋处套上箍筋，然后再将预制构造柱钢筋骨架立起来，对正伸出的搭接筋，搭接倍数按设计图纸和规范，且不低于 $35d$，对好标高线（注脚钢筋端头距搭接筋上的 500cm 水平线距离为 490mm），在竖筋搭接部位各绑至少 3 个扣，两边绑扣距钢筋端头距离为 50mm。

图 11–5　构造柱钢筋骨架安装

2）绑扎搭接部位钢筋：骨架调整方正后，可以绑扎根部加密区箍筋。按骨架上的箍筋位置线从上往下依次进行绑扎，并保证箍筋绑扎水平、稳固。

3）绑扎保护层垫块：构造柱绑扎完成后，在与模板接触的侧面及时进行保护层垫块绑扎，采用带绑丝的砂浆垫块，间距不大于 800mm。

3. 施工总结

（1）有抗震要求的工程，在构造柱上下端应加密箍筋，箍筋间距不得大于 100mm。

（2）构造柱纵向钢筋的连接可采用焊接或绑扎搭接的方式。若构造柱纵向钢筋采用绑扎搭接时，在搭接长度范围内也应加密箍筋，箍筋间距不得大于 100mm。

三、圈梁钢筋绑扎

1. 工艺流程

工艺流程如下：

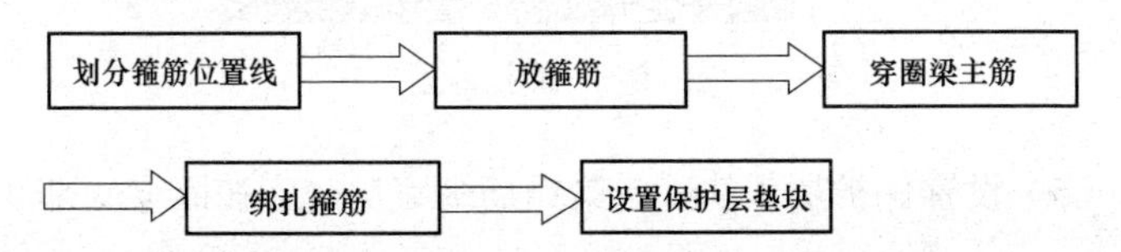

2. 施工工艺

（1）划分箍筋位置线。支完圈梁模板并做完预检，即可绑扎圈梁钢筋，采用在模内直接绑扎的方法，按设计图纸要求间距，在模板侧帮上画出箍筋位置线。按每两根构造柱之间为一段，分段画线，箍筋起始位置距构造柱 50mm。

（2）放箍筋。箍筋位置线画好后，数出每段箍筋数量，放置箍筋。箍筋弯钩叠合处，应沿圈梁主筋方向互相错开设置。

（3）穿圈梁主筋。穿圈梁主筋时，应从角部开始，分段进行。圈梁与构造柱钢筋交叉处，圈梁钢筋宜放在构造柱受力钢筋内侧。圈梁钢筋在构造柱部位搭接时，其搭接倍数或锚入柱内长度要符合设计和规范要求。主筋搭接部位应绑扎 3 个扣。圈梁钢筋应互相交圈，在内外墙交接处、墙大角转角处的锚固长度，均要符合设计和规范要求。

（4）绑扎箍筋（图 11–6）。圈梁受力筋穿好后，进行箍筋绑扎，应分段进行。在每段两端及中间部位先临时绑扎，将主筋架起来，以利于绑扎。绑扎时，要让箍筋与圈梁主筋保证垂直，将箍筋对正模板侧帮上的位置线，先将下部主筋与箍筋绑扎，再绑上部筋，上部角筋处宜采用套扣绑扎。

图 11–6　绑扎箍筋

（5）设置保护层垫块。圈梁钢筋绑完后，应在圈梁底部和与模板接触的侧面加水泥砂浆垫块，以控制受力钢筋的保护层厚度。底部的垫块应加在箍筋下面，侧面应绑在箍筋外侧。

3. 施工总结

（1）圈梁模板部分已支设完毕，并在模板上已弹好水平标高线。

（2）模板已经支设完毕，标高、尺寸及稳定性符合设计要求；模板与所在砖墙及板缝已堵严，并办完预检手续。搭设好必要的脚手架。

四、拉结筋、抗震拉结筋措施

1. 工艺流程

工艺流程如下：

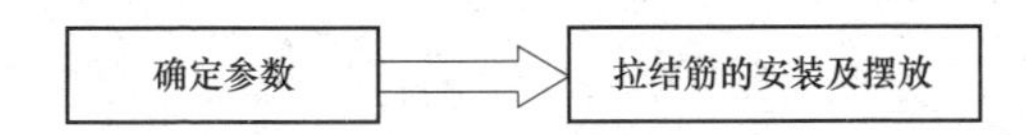

2. 施工工艺

砌块填充墙应沿框架柱全高每 500mm 设 2ϕ6 拉结筋（墙厚 ＞240mm 时为 3ϕ6），拉筋伸入墙内长度：抗震设防烈度为 6、7 度时不应小于墙长的 1/5 且不小于 700mm；抗震设防烈度为 8、9 度时宜沿墙全长通贯，其搭接长度为 300mm。拉筋与混凝土结构连接可采用预埋或后锚固方式（图 11–7）。

图 11–7　拉结筋安装

3. 施工总结

拉结筋通常用直径 6.5mm 细钢筋制成，多用在砖墙的 L 转角和 T 字转角处，每隔 500mm 放一层，每层每 125mm 宽度范围内放一根。长度按照规范设置。在砌体留槎的地方必须按照规定设置拉结筋。

第十二章

屋面工程必备技能

第一节　屋面找平层施工

一、排气道的要求和做法

1. 工艺流程

工艺流程如下：

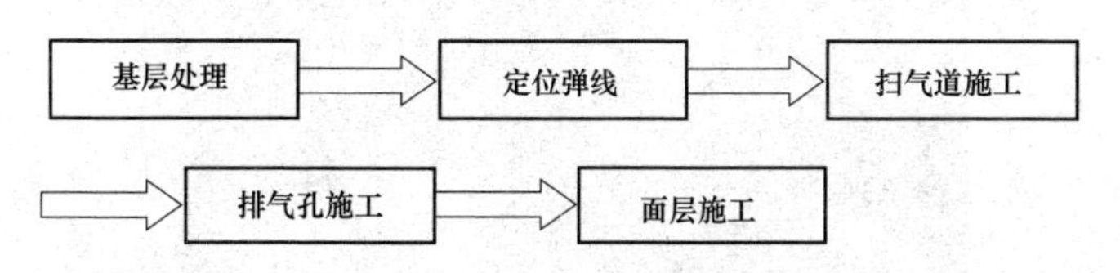

2. 施工工艺

（1）基层处理（图 12–1）。屋面结构找平层表面的杂物、垃圾应清理干净。

（2）定位弹线。按设计要求及排气道、排气孔设置数量，弹线分格定位。

（3）扫气道施工。当采用水泥膨胀蛭石头及水泥膨胀珍珠岩作屋面保温层时，当屋面保温层和找平层干燥有困难时，应做排气屋面。

（4）排气屋面可通过在保温层中设置排气通道（图 12–2）实现，其施工要点如下：

图 12–1　屋面基层处理

图 12–2　排气道施工

1）排气道应纵横设置，排气道间距应按设计要求和按面层材料种类的实际情况而定。同时必须考虑排气道整齐美观要求。

2）找平层设置的分隔缝可兼作排气道，铺粘卷材时宜采用条粘法或点粘法。

3)在保温层中预留槽做排气道时，其宽度一般在 30～40mm；在保温层中埋设打孔细管（塑料管或镀锌钢管）做排气道时，管径宜为 25mm，管子四周间距 30mm 打上小孔，排气道应与找平层分隔缝相重合。

（5）排气孔施工。排气出口应埋设排气管（图 12–3），排气管应设置在结构层上，穿过保温层的管壁应设排气孔，作为通气沟的管端头应插入排气管底部与其相连，下端应与屋面结构紧密焊接或连接，上端高出屋面面层≥250mm，排气孔高度与排气帽方向应保持整齐一致。

图 12–3　排气管埋设

（6）面层施工。排气屋面防水层施工前，应检查排气道是否被堵塞，并加以清扫。然后宜在排气道上粘贴一层隔离纸或塑料薄膜，宽约 200mm，对中排气道贴好，完成后才可铺贴防水卷材（或刷防水涂料）。防水层施工时不得刺破隔离纸，以免胶粘剂（或涂料）流入排气道，造成堵塞排气不畅。

3. 施工总结

（1）有保温层的做法：先确定排气道的位置、走向及出气孔的位置。在板状隔热保温层施工时，当粘铺板块时，应在已确定的排气道位置处拉开 80～140mm 的通缝，缝内用大粒径、大孔洞炉渣填平，中间留设 12～15mm 的通风，再抹找平层。铺设防水层前，在排气槽位置处找平层上部附加宽度为 300mm 的单边点粘的卷材覆盖层。

（2）有找平层、无保温层屋面的做法：先确定排气道的位置、走向及出气孔的位置。分隔缝做排气道的间距以 4～5m 为宜，不宜大于 6m，缝宽度为 12～15mm，铺设防水层前缝上部附加宽度为 250mm 的单边点粘的卷材覆盖层。

二、屋面找平层分隔缝留置

1. 工艺流程

工艺流程如下：

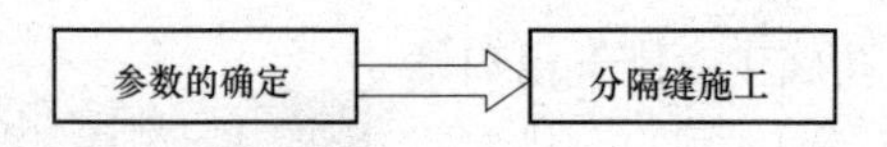

2. 施工工艺

分隔缝（图 12–4）的宽度一般为 20mm；水泥砂浆或稀释混凝土找平层纵横分隔缝的最大间距不超过 6m，分隔缝内应填嵌沥青砂等弹性密封材料；基层应坡度正确、平整光洁，平整度偏差不大于 5mm，无空鼓裂缝；防水找平层、防水保护层、面层的分隔缝位置上下相对应，面层分隔缝预留位置应满足验收规范要求。

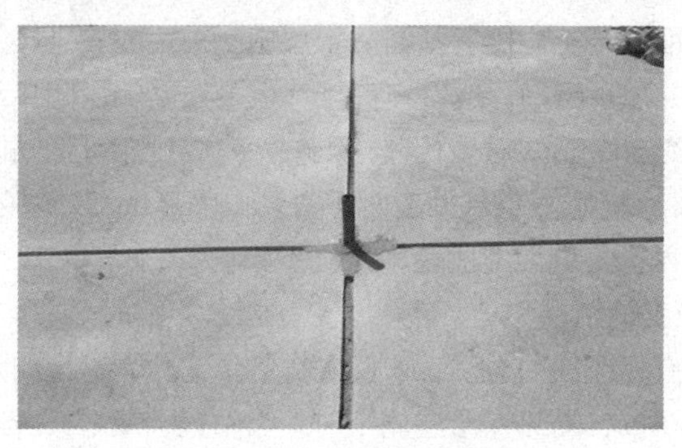

图 12–4　找平层分隔缝设置

3. 施工总结

找平层设置分隔缝的方法：在铺抹找平层时，格局确定的分格距离、分格的部位、分隔缝的宽度、分隔缝的深度，采用大小合适的木条按规定置于屋面板各部位后，再铺抹砂浆，待找平层已充分养护好能上人时，起掉木方，打通各路分隔缝通道即可。

三、水泥砂浆找平层施工

1. 工艺流程

工艺流程如下：

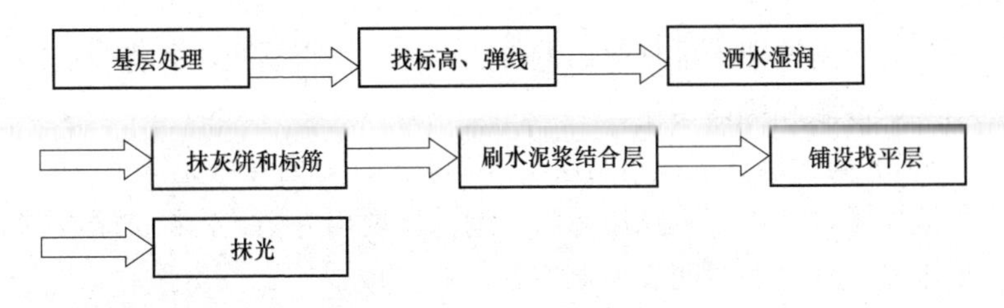

2. 施工工艺

（1）基层处理。

1）在铺设找平层前，应将基层表面处理干净，当找平层下有松散填充层时，应铺平振实。

2）用水泥砂浆铺设找平层，其下一层为水泥混凝土垫层时，应予湿润；当表面光滑时，尚应划毛或凿毛。

（2）找标高、弹线。根据墙上的+50cm 水平线，往下量测出面层标高，并弹在墙上。

（3）洒水湿润。用喷壶等工具将地面基层均匀洒水一遍。

（4）抹灰饼和标筋。测量放线、定出变形缝、分格线和标高控制点并做出灰饼。

（5）刷水泥浆结合层。铺设时先刷一道水泥浆，其水灰比宜为 0.4～0.5，并应随刷随铺。

（6）铺设找平层。涂刷水泥浆之后跟着铺水泥砂浆，在灰饼之间将砂浆铺均匀，然后用木刮杠按灰饼高度刮平。铺砂浆时如果灰饼已硬化，木刮杠刮平后，同时将利用过的灰饼敲掉，并用砂浆填平。

（7）当设计要求需要压光时，采用铁抹子压光。

1）铁抹子压第一遍：木抹子抹平后，立即用铁抹子压第一遍，直到出浆为止，把脚印压平。如果砂浆过稀表面有泌水现象时，可均匀撒一遍水泥和砂（1:1）的拌和料（砂子要过 3mm 筛），再用木抹子用力抹压，使干拌料与砂紧密结合一体，吸水后用铁抹子压平。

2）第二遍抹压：当面层开始凝结，地面面层上有脚印但不下陷时，用铁抹子进行第二遍抹压，注意不得漏压，并将面层的凹坑、砂眼和脚印压平。

3）第三遍抹压：当面层上人稍有脚印，而抹压无抹子纹时，用铁抹子进行第三遍抹压，第三遍抹压要用力稍大，将抹子纹抹平压光，压光的时间应控制在初凝前完成。

3. 施工总结

砂浆铺缝应按由远到近、由高到低的程序进行，最好在分格缝内一次连续铺成，严格掌握坡度；待砂浆稍收水后，用抹子压实抹平；终凝前，轻轻取出嵌缝条。

第二节　屋面保温层施工

一、保温层的基层处理

1. 工艺流程

工艺流程如下：

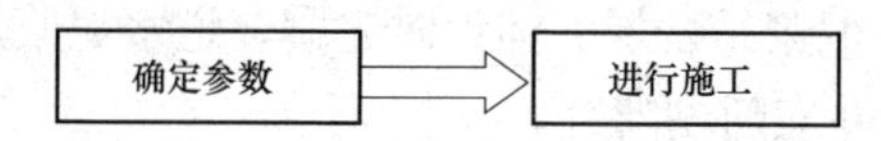

2. 施工工艺

找平层应以水泥砂浆抹平压光，基层与突出屋面的结构（如女儿墙、天窗、变形缝、烟囱、管道、旗杆等）相连的阳角；基层与檐口、天沟、排水口、沟脊的边缘相连的转角处应抹成光滑的圆弧形，其半径一般为 50mm。

3. 施工总结

铺设保温层前，将预埋的钢筋、架子管、吊钩、套拉绳等切割清除，残留在基层表面的痕迹要磨平，抹入砂浆层内；穿过屋面和墙体等结构层的管根部位要用细石混凝土填塞密实，将管根固定，并将基层的尘土、杂物等清理干净，保证基层干净、干燥。

二、板状保温层铺设

1. 工艺流程

工艺流程如下：

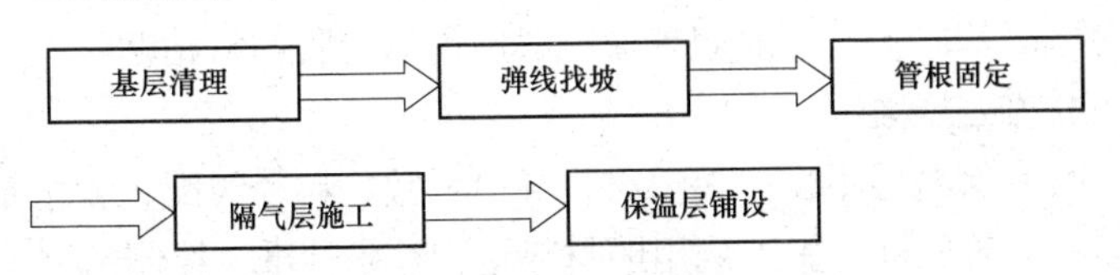

2. 施工工艺

（1）基层清理：现浇混凝土结构层表面，应将杂物、灰尘等清理干净。

（2）弹线找坡：按设计坡度及流水方向，找出屋面坡度走向，确定保温层的厚度范围。

（3）管根固定：穿结构的管根在保温层施工前，应用细石混凝土塞堵密实。

（4）隔气层施工：2～4 道工序完成后，设计有隔气层要求的屋面，应按设计做隔气层，涂刷均匀无漏刷。

（5）保温层铺设（图 12–5）。

图 12–5　板状保温层铺设

1）干铺板块状保温层：直接铺设在结构层或隔气层上，分层铺设时上下两块板块应错开，表面两块相邻的板边厚度应一致。一般在块状保温层上用松散料湿作找坡。

2）黏结铺设板块状保温层：板块状保温材料用黏结材料平粘在屋面基层上，一般聚苯板材料应用沥青胶结料粘贴。

3. 施工总结

（1）保温层不良：保温材料导热系数、粒径级配、含水量、铺实密度等原因；施工选用的材料达到技术标准，控制密度、保证保温的功能效果。

（2）铺设厚度不均匀：铺设时不认真操作。应拉线找坡，铺顺平整，操作中应避免材料在屋面上堆积二次倒运。保证均质铺设。

（3）保温层边角处质量问题：边线不直，边槎不整齐，影响找坡、找平和排水。

三、倒置式保温层铺设

1. 工艺流程

工艺流程如下：

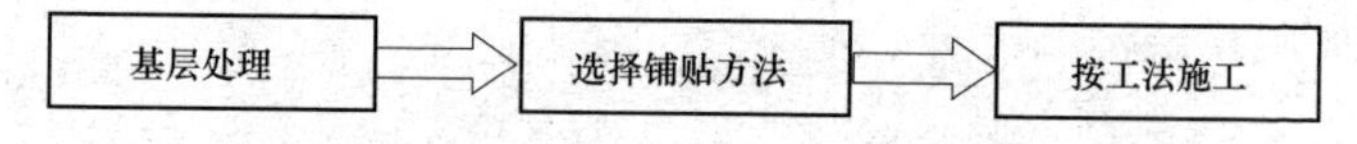

2. 施工工艺

（1）胶粘法施工：将屋面基层清扫干净，按设计配合比制水泥胶，并将水泥胶抹在防水层面及挤塑保温板上，随机涂抹在水泥胶的防水层面上，并用橡胶锤轻轻锤打保温板或用压辊稍用力滚压保温板，使保温板与防水层粘贴密实、平稳。保温层施工完毕应立即施工找平层砂浆，砂浆铺摊要均匀，滚压密实平整。最后按设计要求做屋面保护层。若保温板施工完毕不立即做找平层，应在保温板上做压重处理，防止保温与防水层松滑、空落。

（2）干铺法施工：干铺法一般只在平屋面保温层施工时采用。

其施工工艺较胶粘法更为简单，可直接将挤塑保温板与防水层干铺连接，并只需按建筑物的屋顶风荷载要求而加以简单的压重固定，通常采用预制混凝土板块或卵石，也可在挤塑保温板上直接浇筑混凝土，使之与基层成一刚性整体。

3. 施工总结

（1）对胶粘法施工的挤塑保温板保温层，考虑到防水卷材搭接厚度的影响，水泥胶结层厚度应不小于 5mm。

（2）用胶粘法施工挤塑保温板时，保温层施工完毕不立即施工找平层，必须在保温板上铺设压重材料，以防止保温板与基层松滑、起拱。黏结水泥胶固化前，应禁止施工人员在板上行走。

（3）无论干铺法施工还是胶粘法施工，对挤塑保温板均宜按屋面形状线性试铺并裁切板材，以减少板材的浪费。

（4）要求粘贴密实、平稳无滑移，拼缝严实，相邻板的板缝上下层板缝应按要求错开。对干铺法施工的板缝宜采用 50mm 宽的胶带纸封缝。

第三节　屋面防水层施工

一、屋面刚性防水层施工

1. 工艺流程

工艺流程如下：

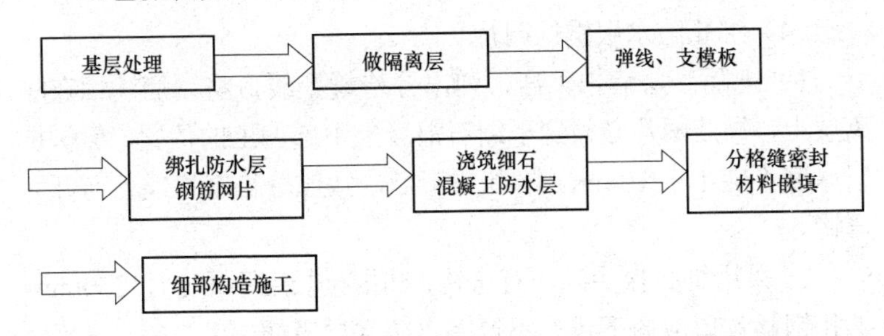

2. 施工工艺

（1）基层处理、做找平层、找坡。

1）基层为整体现浇钢筋混凝土板或找平层时，应为结构找坡。屋面的坡度应符合设计要求，一般为2%～3%。

2）基层为装配式钢筋混凝土板时，板端缝应嵌填密封材料处理。

3）基层应清理干净，表面应平整，局部缺陷应进行修补。

（2）做隔离层。

1）石灰黏土砂浆铺设时，基层清扫干净，洒水湿润后，将石灰膏:砂:黏土配合比为1:2.4:3.6，铺抹厚度为15～20mm，表面压实平整，抹光干燥后再进行下道工序的施工。

2）纸筋灰与麻刀灰做刚性防水层的隔离层时，纸筋灰与麻刀灰所用灰膏要彻底熟化，防止灰膏中未熟化颗粒将来发生膨胀，影响工程质量。铺设厚度为10～15mm，表面压光，待干燥后，上铺塑料布一层再绑扎钢筋浇筑细石混凝土。

（3）弹分格缝线、安装分格缝木条、支边模板。

1）弹分格线。分格缝弹线分块应按设计要求进行，如设计无明确要求时，应设在屋面板的支承端，屋面转折处，防水层与突出屋面结构的交接处，纵横分格不应大于6m。

2）分格缝木条宜做成上口宽为30mm，下口宽为20mm，其厚度不应小于混凝土厚度的2/3，应提前制作好并泡在水中湿润24h以上。

（4）绑扎防水层钢筋网片。

1）把隔离层清扫干净，弹出分格缝墨线，将钢筋满铺在隔离层上，钢筋网片必须置于细石混凝土中部偏上的位置，但保护层厚度不应小于10mm。绑扎成形后，按照分格缝墨线处剪开并弯钩。

2）采用绑扎接头时应有弯钩，其搭接长度不得小于250mm。绑扎钢丝收口应向下弯，不得露出防水层表面。

3）混凝土浇筑时，应有专人负责钢筋的成品保护，根据混凝土的浇筑速度进行修整。确保混凝土中的钢筋网片符合要求。

（5）浇筑细石混凝土防水层。

1）细石混凝土浇筑前，应将隔离层表面杂物清除干净，钢筋网片和分格缝木条放置好并固定牢固。

2）终凝前进行人工三次收光，取出分格条，再次修补表面的平整度及光洁度在 2m 范围内不大于 5mm。

3）细石混凝土终凝后，有一定强度（12～24h）以后，进行养护，养护时间不少于 7d。养护方法可采用淋水湿润，也可采用喷涂养护剂、覆盖塑料薄膜或锯末等方法，必须保证细石混凝土处于充分的湿润状态。养护初期屋面不允许上人。

（6）分格缝密封材料嵌填。

1）采用热灌法施工时，应由下向上进行，纵横交叉处沿平行于屋脊的板缝宜先浇灌，同时在纵横交叉处沿平行于屋脊的两侧板缝各延伸浇灌 150mm，并留成斜槎。

2）当采用冷嵌法施工时，应先将少量密封材料批刮在缝槽两侧，再分次将密封材料填嵌在缝内，应用力压嵌密实，并与缝壁黏结牢固。嵌填时，密封材料与缝壁不得留有空隙，并防止裹入空气。接头应采用斜槎。

3）当采用合成高分子密封材料嵌缝时，单组分密封材料可直接使用；多组分密封材料应根据规定的比例准确计量，拌和均匀，其拌和量、拌和时间和拌和温度应按该材料要求严格控制。

（7）细部构造。

1）刚性防水层与屋面女儿墙、出屋面的结构外墙、设备基础、管道等所有突出屋面的结构交接处均应断开，留出 30mm 宽的缝隙，并用密封材料嵌填，泛水处应加设卷材或涂膜附加层，收头处应固定密封。

2）水落口防水构造宜采用铸铁和 PVC 制品。水落口埋设标高应考虑该处防水设防时增加的附加层和柔性密封层的厚度及排水坡度加大时的尺寸。

3）过水孔可采用防水涂料，密封材料防水，两端周围与混凝土接触处应留设凹槽，用密封材料封闭严密。

3. 施工总结

混凝土必须振捣密实，不得漏振，养护期内不能随意上人踩踏，更不能堆放材料器具；拼装式屋面板缝清理干净，吊模后洒水湿润，浇筑膨胀细石混凝土，并捣固密实。

二、高聚物改性沥青防水卷材屋面防水层施工

1. 工艺流程

工艺流程如下：

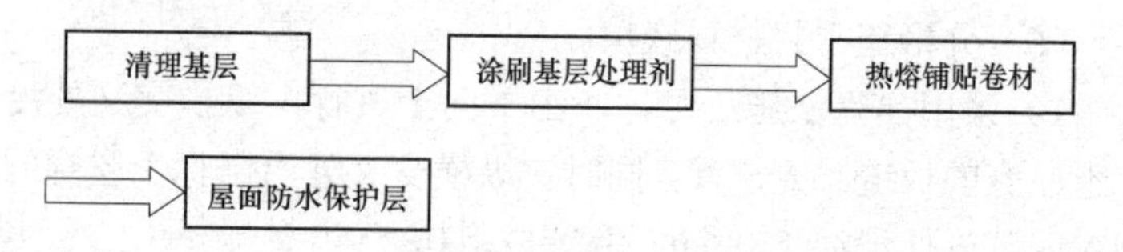

2. 施工工艺

（1）清理基层：施工前将验收合格基层表面的尘土、杂物清理干净。

（2）涂刷基层处理剂（图 12–6）：高聚物改性沥青防水卷材可选用与其配套基层处理剂。使用前在清理好的基层表面，用长把滚刷 均匀涂布于基层上，常温经过 4h 后，开始铺贴卷材。

（3）附加层施工，女儿墙、水落口、管根、檐口、阴阳角等细部先做附加层，一般用热熔法使用改性沥青卷材施工，必须粘贴牢固。

（4）热熔铺贴卷材（图 12–7）：按弹好标准线的位置，在卷材的一端用火焰加热器将

图 12–6　涂刷基层处理剂

卷材涂盖层熔融，随即固定在基层表面，用火焰加热器对准卷成卷的卷材和基层表面的夹角，喷嘴距离交界处 300mm 左右，边熔融涂盖层边跟随熔融范围缓慢地滚铺改性沥青卷材，卷材下面的空气应排尽，并辊压黏结牢固，不得空鼓；卷材的搭接应符合《屋面工程技术规范》（GB 50345—2012）的规定。接缝处要用热风焊枪沿缝焊接牢固，或采用焊枪、喷灯的火焰熔焊粘牢，边缘部位必须溢出热熔的改性沥青胶。随即刮封接口，防止出现张嘴和翘边。

图 12–7　热熔铺贴卷材

卷材铺贴方向应符合下列规定：

1）屋面坡度小于 3%时，卷材宜平行屋脊铺贴。

2）屋面坡度在 3%以上或屋面受震动时，卷材可平行或垂直屋脊铺贴。

3）上下层卷材不得相互垂直铺贴。

4）热熔铺贴卷材时，焊枪或喷灯嘴应处在成卷卷材与基层夹角中心线上，距粘贴面 300mm 左右处。

5）如采用双层铺贴防水层，第二层铺贴的卷材，必须与第一层卷材错开 1/2 幅宽，其操作方法与第一层方法相同。

6）搭接缝，接缝熔焊黏结后再用火焰及抹子在接缝边缘上均匀地加热抹压一遍，然后用防水涂料进行涂刷封边处理。面部分卷材铺完经蓄水试验验收合格后，应按设计要求，做好保护层。不上人屋面一般直接铺贴背面带片石或石渣的防水卷材，或在防水层表面涂刷银色反光涂料。

7）卷材末端收头：在卷材铺贴完后，应采用橡胶沥青胶粘剂或专用密封材料将末端黏结封严，防止张嘴翘边，造成渗漏隐患。

8）屋面防水层完工后，应做蓄水或淋水试验。有女儿墙的平屋面做蓄水试验，蓄水 24h 无渗漏为合格。坡屋面可做淋水试验，一般淋水 24h 无渗漏为合格。

（5）屋面防水保护层：屋面防水保护层分为着色剂涂料、地砖铺贴、浇筑细石混凝土或用带有矿物粒（片）料，细砂等保护层的卷材。

3. 施工总结

（1）屋面不平整：找平层不平顺，造成积水，找平层施工时应拉线找坡。做到坡度符合要求，平整无积水。

（2）空鼓：卷材防水层空鼓，发生在找平层与卷材之间，且多在卷材的接缝处，其原因是找平层的含水率过大；空气排除不彻底，卷材没有粘贴牢固。施工中应控制基层含水率，并应把住各道工序的操作关。

（3）渗漏：渗水、漏水发生在穿过屋面管根、水落口、伸缩缝和卷材搭接处等部位。伸缩缝未断开，产生防水层撕裂；其他部位由于粘贴不牢、卷材松动或衬垫材料不严、有空隙等；接槎处漏水原因是甩出的卷材未保护好，出现损伤和撕裂或基层清理不干净，卷材搭接长度不够等。施工中应加强检查，严格执行工艺规程认真操作。

三、合成高分子防水卷材屋面防水层施工

1. 工艺流程

工艺流程如下：

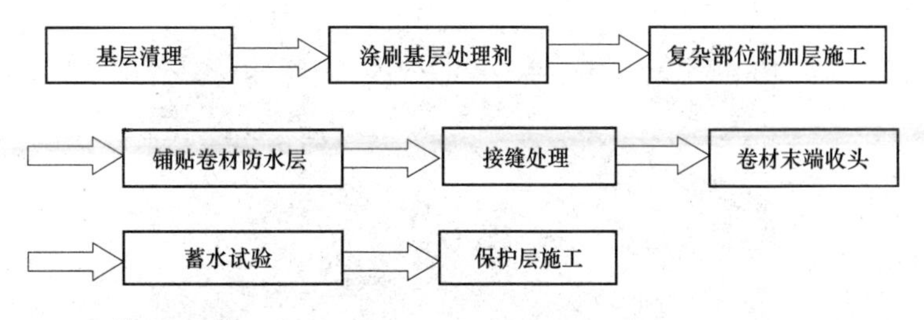

2. 施工工艺

（1）基层清理：施工防水层前将已验收合格的基层表面清扫干净。不得有灰尘、杂物等影响防水层质量的缺陷。

（2）涂刷基层处理剂。

1）配制底胶：将聚氨酯材料按甲:乙=1:1.5的比例（重量比）配合搅拌均匀；配制成底胶后，即可进行涂刷。

2）涂刷底胶（相当于冷底子油）：将配制好的底胶用长把滚刷均匀涂刷在大面积基层上，厚薄要一致，不得有漏刷和白点现象；阴阳角管根等部位可用毛刷涂刷；在常温情况下，干燥4h以上，手感不粘时，即可进行下道工序。

（3）复杂部位附加层。

1）增补剂配制：将聚氨酯材料按甲:乙组分以1～1.5的比例（质量比）配合搅拌均匀，即可进行涂刷；配制量视需要确定，不宜一次配制过多，防止多余部分固化。

2）按上述方法配制后，用毛刷在阴角、水落口、排气孔根部等部位，涂刷均匀，作为细部附加层，厚度以1.5mm为宜，待其固化24h后，即可进行下道工序。

（4）铺贴卷材防水层（图12–8）。

1）铺贴前在未涂胶的基层表面排好尺寸，弹出基准线，为铺卷材创造条件。卷材铺贴方向应符合下列规定：屋面坡度小于3%时，卷材宜平行屋脊铺贴；屋面坡度在3%以上卷材可平行或垂直屋脊铺贴；上下层卷材不得相互垂直铺贴。

2）铺贴卷材时，先将卷材摊开在平整、干净的基层上，用

图 12–8　铺贴卷材防水层

长把滚刷蘸合成高分子胶粘剂，胶均匀涂刷在卷材表面，在卷材接头部位应空出 100mm 不涂胶，涂胶厚度要均匀，不得有漏底或凝聚块存在。当胶粘剂静置 10～20min、干燥至指触不粘手时，用原来卷卷材的纸筒再卷起来，卷时要求端头平整，不得卷成竹笋状，并要防止进入砂粒、尘土和杂物。

3）基层涂布胶粘剂：已涂的基层底胶干燥后，在其表面涂刷合成高分子胶粘剂，涂刷要用力适当，不要在一处反复涂刷，防止粘起底胶，形成凝聚块，影响铺贴质量。复杂部位可用毛刷均匀涂刷，用力要均匀，涂胶后指触不粘时，开始铺贴卷材。

4）铺贴时从流水坡度的下坡开始，按先远后近的顺序进行，使卷材长向与流水坡度垂直，搭接顺流水方向。将已涂刷好胶粘剂预先卷好的卷材，穿入ϕ30、长 1.5m 铁管，由二人抬起，将卷材一端黏结固定，然后沿弹好的基准线向另一端铺贴；操作时卷材不要拉得太紧，每隔 1m 左右向基准线靠贴一下，依此顺序对准线边铺贴。但是无论采取哪种方法均不得拉伸卷材，也要防止出现皱折。铺贴卷材时要减少阴阳角的接头，铺贴平面与立面相连接的卷材，应由下向上进行，使卷材紧贴阴阳角，不得有空鼓等现象。

（5）接缝处理。

1）在未涂刷 CX404 胶的长、短边 100mm 处，每隔 1m 左右用合成高分子胶粘剂涂一下，待其基本干燥后，将接缝翻开临时固定。

2）卷材接缝用丁基胶剂黏结，先将 A、B 两份按 1:1 的比例（质量比）配合搅拌均匀，用毛刷均匀涂刷在翻开接缝的接缝表面，待其干燥 30min 后（常温 15min 左右），即可进行黏合，从一端开始用手一遍压合一边挤出空气；粘好的搭接处，不允许有皱折、气泡等缺陷，然后用手辊滚压一遍；然后沿卷材边缘用专用密封膏封闭。

（6）卷材末端收头。

1）为使卷材末端收头黏结牢固，防止翘边和渗水漏水，应将卷材收头裁整齐后塞入预留凹槽，钉压固定后用聚氨酯密封膏等密封材料封闭严密，再涂刷一层聚氨酯涂膜防水材料。

2）防水层铺贴不得在雨天、雪天、大风天施工。

（7）屋面防水层完工后，应做蓄水试验。有女儿墙的平屋面做蓄水试验，蓄水 24h 无渗漏为合格。坡屋面可做淋水试验，一般淋水 2h 无渗漏为合格。

（8）保护层施工：参照高聚物改性沥青防水卷材屋面保护层做法。

第十三章

屋面工程提升技能

第一节　其他屋面工程做法

一、瓦屋面施工

1. 工艺流程

工艺流程如下：

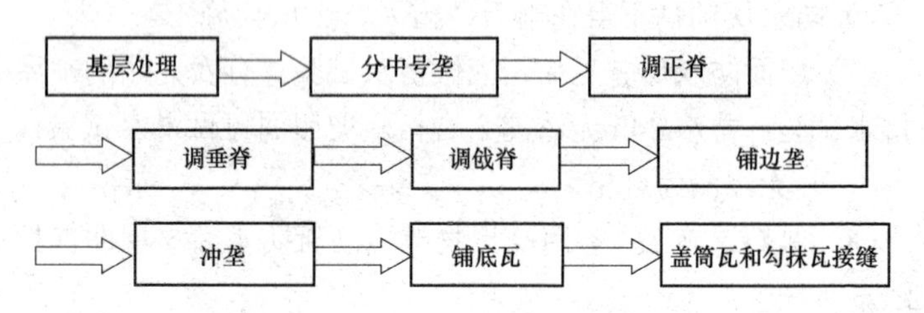

2. 施工工艺

（1）平瓦屋面。

1）施工放线：放线不仅要弹出屋脊线及檐口线、水沟线，还要根据屋面瓦的特点和屋面的实际尺寸，通过计算，得出屋面瓦所需的实际用量，并弹出每行瓦及每列瓦的位置线，便于瓦片的铺设。

2）为保证屋面达到三线标齐（水平、垂直、对角线），应在屋脊第一排瓦和屋脊处最后一排瓦施工前进行预铺瓦，大面积利用平瓦扣接的 3mm 调整范围来调节瓦片。

（2）坡屋面（图 13–1）。

图 13–1　坡屋面

1）坡度大于 50%的屋面铺设瓦片时，需用铜丝穿过瓦孔系于钢钉或加强连接筋上，钢钉或加强连接筋在浇筑屋面混凝土时预留；或用相当长度的钢钉直接固定于屋面混凝土中。对于普通屋面檐口第一排瓦、山墙处瓦片以及屋脊处的瓦片必须全部固定，其余可间隔梅花状固定，当坡度大于 50%时，必须全部固定，檐口及屋脊处砂浆必须饱满。

2）挂（铺）瓦层：钢板网 1:3 水泥砂浆或 C25 防水混凝土（P6）垫层，平均厚度 35mm，随抹压实、找平，用双股 18 号镀锌钢丝将钢板网绑住，形成整网与预埋件在屋顶结构板上的ϕ30 透气管，还须用涂料将连接筋和网筋根部涂刷严密以防腐防渗。挂瓦时，先挂脊瓦两侧的第一排瓦、变坡折线两侧的第一排瓦及檐部的第一排瓦，均须用双股 18 号镀锌钢丝绑扎在瓦条上或水泥卧瓦上。脊部用麻刀灰或玻璃灰卧脊瓦。

3）排水沟部位的瓦片用手提切割机裁切，应切割整齐，底部空隙用砂浆封堵密实、抹平，水沟瓦可外露，也可用彩色的聚合水泥砂浆找补、封实。平瓦伸入天沟、檐沟的长度不应小于 50mm。排水沟应预先在地面上制作，铺入后应包住挂瓦条，并用钢钉固定，屋檐处铝板（或其他板材）应向下折叠，以防止雨水倒灌。

3. 施工总结

（1）瓦片的安装必须达到水平、垂直、对角线三方面对齐。

（2）屋面不得有渗漏现象，对天沟、檐沟、泛水及出屋面的构造物交接处，必须采取可靠的构造措施，确保封闭严密。

二、金属压型夹芯板屋面施工

1. 工艺流程

工艺流程如下：

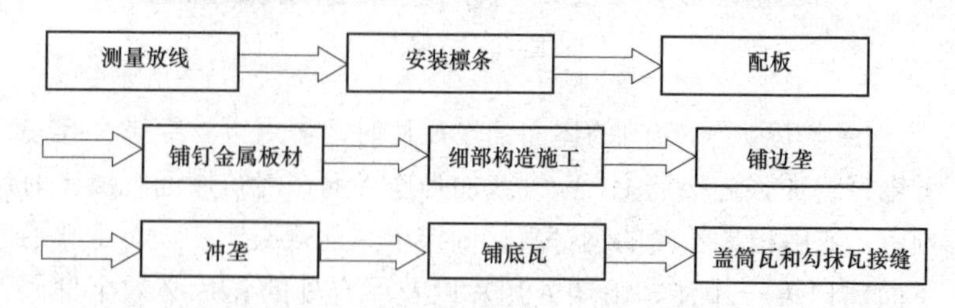

2. 施工工艺

（1）测量放线。首先放出屋面轴线控制线，根据控制线在每个柱间钢梁上弹出用于焊接屋面檩托的控制线。认真校核主体结构偏差，确认对屋面此结构的安装有无影响。

（2）安装檩条（图 13–2）。

1）檩条的规格和间距应根据结构计算确定，每块屋面板端除设置檩条支承外，中间也应设置一根或一根以上檩条。

2）檩条安装时，使用吊装设备按柱间同一坡向，分次吊装。每次成捆吊至相应屋面梁上，水平平移檩条至安装位置，

图 13–2　安装檩条

檩托板与另一根檩条采用套插螺栓连接。

（3）配板。

1）屋面坡度不应小于 1/20，也不应大于 1/6；在腐蚀环境中屋面坡度不应小于 1/12。

2）铺板可采用切边铺法和不切边铺法，切边铺法应先根据板的排列切割板块搭接处金属板，并将夹芯泡沫清除干净。屋角板、包角板、泛水板均应先切割好。

（4）铺钉金属板材（图 13–3）。

图 13–3 铺钉金属板材

1）金属板材应用专用吊具吊装，吊装时不得损伤金属板材。

2）屋面板采取切边铺法时，上下两块板的板缝应对齐；不切边铺法时，上下两块板的板缝应错开一波。铺板应挂线铺设，使纵横对齐，长向（侧向）搭接，应顺最大频率方向搭接，端部搭接应顺流水方向搭接，搭接长度不应小于 200mm。屋面板铺设从一端开始；往另一端同时向屋脊方向进行。

3）每块屋面板两端的支承处的板缝均应用 M6.3 自攻螺钉与檩条固定，中间支承处应每隔一个板缝用 M6.3 自攻螺钉与檩条固定。钻孔时，应垂直不偏斜将板与檩条一起钻穿，螺栓固定时，先垫好密封带，套上橡胶垫板和不锈钢压盖一起拧紧。

（5）细部构造施工。

1）金属板屋面与立墙及突出屋面结构等交接处，均应做泛水处理。

2）天沟用金属板材制作时，伸入屋面板的金属板材不应小于 100mm；当有檐沟时屋面板的金属板材应伸入檐沟内，其长度不应小于 50mm；檐口应用异性金属板材做堵头封檐板；山墙应用异性金属板材的包角板和固定支架封严。

3）每块泛水板的长度不宜大于 2m，泛水板的安装应顺直；泛水板与金属板的搭接宽度，应符合不同板型的要求。

3. 施工总结

（1）屋面不得有渗漏水，钢板的彩色涂层要完整，不得有划伤或锈斑。

（2）螺栓或拉铆钉应拧紧，不得松弛；板间密封条应连续，螺栓、拉铆钉和搭接口均应用密封材料封严。

三、单层金属板屋面施工

1. 工艺流程

工艺流程如下：

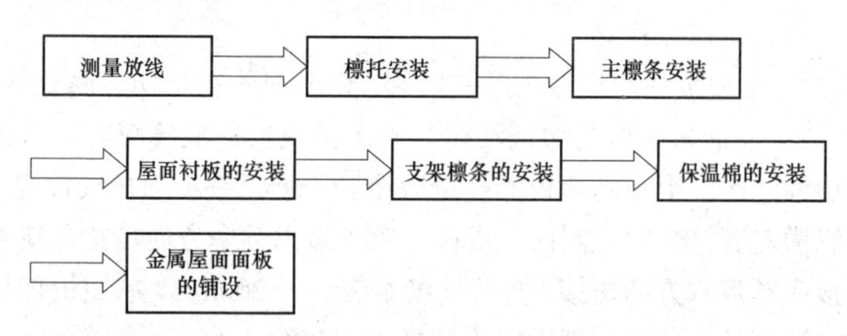

2. 施工工艺

（1）测量放线：使用紧线器拉钢丝线测放出屋面轴线控制线的位置，依据轴线控制线在主体结构上弹出用于焊接檩托的控制线。

（2）檩托安装。

1）根据设计图纸要求，在主体结构上焊接钢檩托，如是混凝土结构应有预埋件。

2）钢檩托预制成形，并经防腐、防锈处理后严格按设计要求的位置摆放就位，保证构件中心线在同一水平面上，其误差不得超过±10mm。

3）在焊接安装钢檩托时，必须保证焊缝成形良好，焊缝长度、焊脚高度应符合设计要求和施工规范的规定。焊缝处除渣，不平滑处打磨后进行涂刷各道防腐、防锈涂层处理。

（3）主檩条安装。

1）主檩条按照设计规格型号加工，檩条轧制成形后，进行喷砂除锈，涂刷防腐、防诱漆。

2）将成形的主檩条吊装到安装作业面，水平平移到安装位置，用木垫块垫好，保证檩条上表面在同一水平面上，其误差不应超过±10mm，上下水平，不平整的需用角铁等填充物垫平，其偏差不应超过±6mm。

3）在焊接安装钢檩托时，必须保证焊缝成形良好，焊缝长度、焊脚高度应符合设计要求和施工规范的规定。焊缝处除渣，不平滑处打磨后进行涂刷各道防腐、防锈涂层处理。

（4）屋面衬板的安装。

1）衬板安装前，预先在板面上弹出拉铆钉的位置控制线及相邻衬板搭接位置线。衬板的横向搭接不小于一个波距，纵向搭接不小于150mm。如板与板相互接触发生较大缝隙时需用和铝拉铆钉适当紧固。

2）用自攻螺钉固定铺设好的衬板，连接固定应锚固可靠，自攻螺钉应在一个水平线上，用1m靠尺检验，凡超过4mm误差均应重新修整固定，使外露螺钉直线时自然成为直线，曲线时自然成为曲线，圆滑过渡。

（5）支架檩条的安装。

1）支架檩条按照设计规格型号加工，檩条轧制成形后，进行喷砂除锈，涂刷防腐、防锈漆。

2）安装支架檩条配件：按设计间距，采用自攻螺钉将配件与主檩条连接，位置必须准确，固定牢固。

3）将成形的支架檩条吊装到安装作业面，水平平移到安装位置，准确定位摆放在安装好的支架檩条配件上，保证构件中心线在同一水平面上，其误差不应超过±10mm，上下水平，不平整的需用角铁等填充物垫平，其偏差不应超过±6mm。

4）将支架檩条与配件焊接，保证焊缝成形良好，焊缝长度、焊脚高度应符合设计要求和施工规范的规定。对焊缝处需除渣打磨光亮平滑后按要求补涂防锈漆。

（6）保温棉的安装：将保温棉依照排板图铺设，如分层铺设，上下层应错缝，错缝的宽度应≥100mm，边角部位应铺设严密，不得少铺、漏铺或不铺。

（7）金属屋面面板的铺设。

1）测量所得屋面板长度，在压型机电脑控制盘上输入各部位面板加工长度数据并压制面板。采用直立锁边式连接技术，使屋面上无螺钉外露，防水、防腐蚀性能好。

2）为防止屋面板在起吊过程中变形，一般采用人工方式搬运。在每6～8m处设一人接板，通过搭设的坡道运送至屋面，存放在适宜屋面板安装时取用的位置。按屋面板卷边大小，堆在屋面工作面上，以加快安装进度。遇有面板折损处做好标记，以便调整。

3）根据设计图纸，依屋面板排板设计，安装时每6m距离设一人，按立壁小卷边朝安装方向一侧，依次排列，安装在固定的支架和支架檩条之上，大小卷边扣在一起，设专人观察扣上支架的情况，以保证固定点设置得准确、固定牢固。

4）屋面板铺设完毕，应及时采用专用锁边机将板咬合在一起，接口咬合紧密，板面无裂缝或孔洞，以获得必要的组合效果。

3. 施工总结

（1）在安装了几块屋面板后要用仪器检查屋面板的平整度，以防止屋面凹凸不平，出现波浪。

（2）注意屋顶风机风口处及水落管处的密封和紧固问题。

第二节 屋面细部构造

一、天沟、檐口、檐沟的防水构造

1. 工艺流程

工艺流程如下：

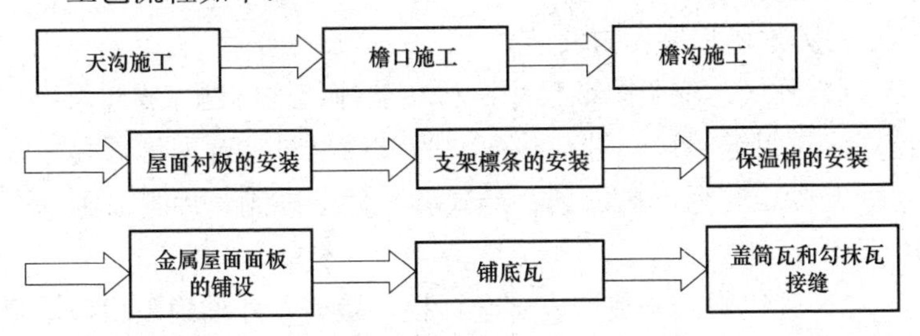

2. 施工工艺

（1）天沟铺设沥青瓦的方法有三种：敞开式、编织式、搭接式（切割式），其中以搭接式较为常用。

（2）在铺贴完防水卷材后，先沿一坡屋面铺设沥青瓦伸过天沟并延伸到相邻屋面300mm处，用钢钉固定，钢钉应固定在排水天沟中心线外侧250mm处，并用密封胶黏结牢固。用同样方法继续铺设另一坡沥青瓦，延伸到相邻的坡屋面上。距天沟中心线50mm处弹线，将多余的沥青瓦沿线裁剪掉，用密封膏固定好，并嵌封严密。

（3）檐沟：檐口油毡瓦与卷材之间，应采用粘贴法铺贴。

3. 施工总结

（1）卷材防水层应由沟底翻上至沟上至沟外檐顶部，天沟檐沟卷材收头应留凹槽并用密封塑料嵌填密实。

（2）檐口防水构造具体做法：无组织排水檐口 800mm 范围内卷材应采取满粘法；卷材收头应压入凹槽并用金属压条固定，密封材料封口；涂膜收头应用防水涂料多遍涂刷或用密封材料封严；檐口下端应抹出鹰嘴或滴水槽。

二、水落口及水落管构造及做法

1. 工艺流程

工艺流程如下：

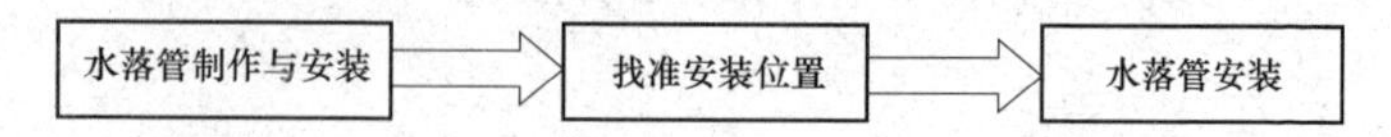

2. 施工工艺

（1）水落口制作与安装。

1）画线：依照图纸尺寸，材料品种、规格进行放样画线，经复核与图纸无误，进行裁剪；为节约材料宜合理进行套裁，先画大料，后画小料，划料形式和尺寸应准确，用料品种、规格无误。

2）画线后，先裁剪出一套样板，裁剪尺寸准确，裁口垂直平整。

3）成形：将裁好的块料采用电焊对口焊接，焊接之后经校正符合要求。

（2）找准安装位置。

1）挑檐板水落口应按设计要求，先剔出挑檐板钢筋，找好水落口位置，核对标高，装卧水落口，用ϕ6 钢筋加固，支好底托模板，用与挑檐同强度等级的混凝土浇筑密实，水落口上表面，应与找平层平齐不得突出找平层表面，水落口周边应留宽和深各 20mm 凹槽，槽内应嵌填密封材料，并完成防水层后安装活动钢筋篦子。

2）横式水落口：按设计要求，在砌筑女儿墙时，预留水落口洞。将左右两侧及上口用砖和砂浆嵌固，清水砖墙缝应与大面积墙体一致，或在砌筑墙体时，弹出中线、标高，将水落口斗随墙砌入，用水泥砂浆或豆石混凝土封口，完成防水层施工后将篦子安装稳固。

（3）水落管安装（图 13–4）。

1）安装水落管随抹灰架子由上往下进行，先在水斗口处吊线坠弹直线，用钢錾子在墙上打眼，按线用水泥砂浆埋入卡子铁脚，卡子间距为 1.2m，卡子露出墙面 3cm 左右，外墙水落管距外墙饰面不小于 3cm，且不宜大于 4cm，待水泥砂浆达到强度后再安装水落管；严禁用木楔固定。由马腿弯时上口必须压进水斗嘴内并在弯管与直管接槎处加钉一个卡子。

图 13–4　水落管安装

2）安装下节水落管时，套入上节水落管的长度应不小于 4cm，另一半圆卡子用螺钉拧紧；最下面一节管子要待勒脚、散水做完后才能安装，主管距散水面 15～20cm。水落管下口设 135º 弯头呈马蹄形。水落管经过带形线脚、檐口等墙面突出部位处宜用直管，线脚、檐口线等处应预留缺口或孔洞；如必须采用弯管绕过时，弯管的弯折角度应为钝角。

3. 施工总结

（1）水落管不直：安装卡子时没有吊线找垂直，产生正侧视不顺直，应弹线或拉线控制与墙的距离和垂直度。

（2）水落口高于找平层：安装水落口没有剔除砂浆找平层，形成单摆浮搁。应严格控制水落口标高、位置。

三、变形缝防水构造及做法

1. 工艺流程

工艺流程如下：

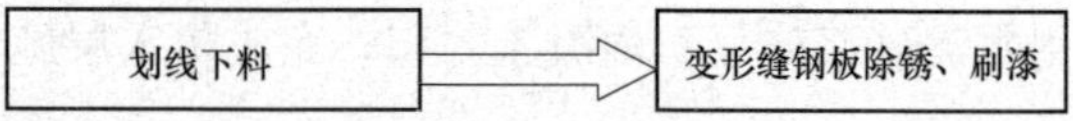

划线下料 → 变形缝钢板除锈、刷漆

2. 施工工艺

（1）划线下料：缝口上盖板一般用 24～26 号白铁皮制作，或按设计要求选用。依据图纸下料，根据变形缝实际长度加上搭接尺寸，做出样板，如实际需要的形状多时，应分类制作样板；需要焊接的部位应在安装后量好尺寸再行焊接。

（2）变形缝钢板罩制成后，先将表面铁锈等清理干净，里外满刷防锈漆一道，用镀锌薄铁板制作的罩，涂刷调和漆前应先涂刷锌磺类或磷化底漆；交活后应再涂刷铅油两道。

（3）变形缝铁板罩安装前，应检查缝口伸缩片、缝内填充的沥青麻丝、油膏嵌缝等工序完成情况，经检查无漏项时，进行安装；变形缝与外墙、变形缝与挑檐等交接处，先用 50mm 圆钉钉牢，用锡焊填充钉头，经检查合格后，刷罩面漆一道。

3. 施工总结

屋面变形缝处附加墙与屋面交接处的泛水部位，应作好附加增强层；接缝两侧的卷材防水层铺贴至缝边；然后在缝边填嵌直径略大于缝宽的衬垫材料，如聚苯乙烯泡沫塑料板（直径略大于缝宽）、聚苯乙烯泡沫板等。为了使其不掉落，在附加墙砌筑前，缝口用可伸缩卷材或金属板覆盖。附加墙砌好后，将衬垫材料填入缝内。嵌填完衬垫材料后，再在变形缝上铺贴盖缝卷材，并延伸至附加墙里面。卷材在立面上应采用满粘法，铺贴宽度不小于 100mm。

第十四章

装饰装修必备技能

第一节　楼地面垫层及找平层铺设施工

一、水泥混凝土垫层铺设

1. 工艺流程

工艺流程如下：

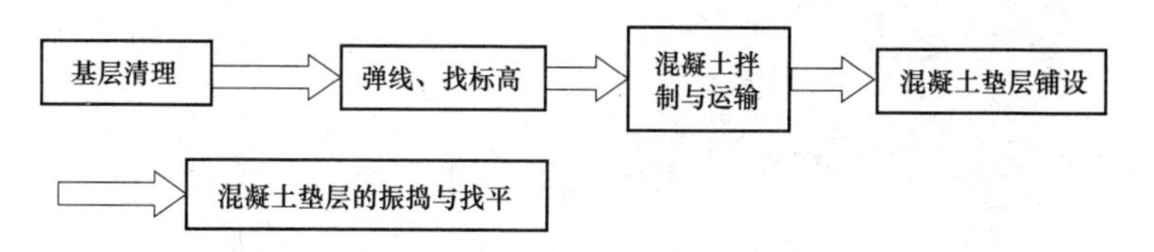

2. 施工工艺

（1）基层清理。浇筑混凝土垫层前，应清除基层（图 14–1）的淤泥和杂物。

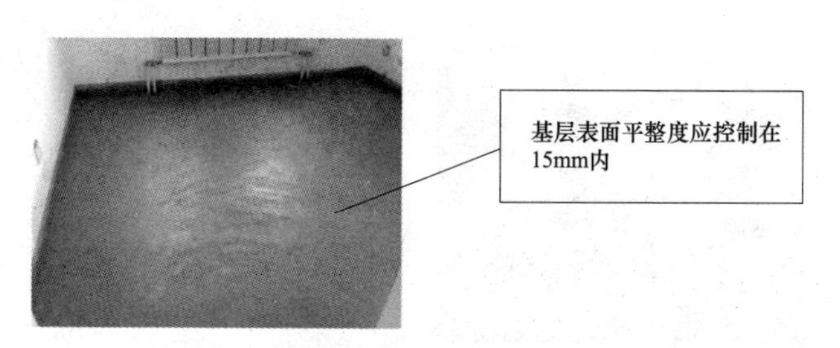

图 14–1　混凝土基层

（2）弹线、找标高。根据墙上水平标高控制线（图 14–2），向下量出垫层标高，在墙上弹出控制标高线。垫层面积较大时，底层地面可视基层情况采用控制桩或细石混凝土（或水泥砂浆）做找平墩控制垫层标高，楼层地面采用细石混凝土或水泥砂浆做找平墩控制垫层标高。

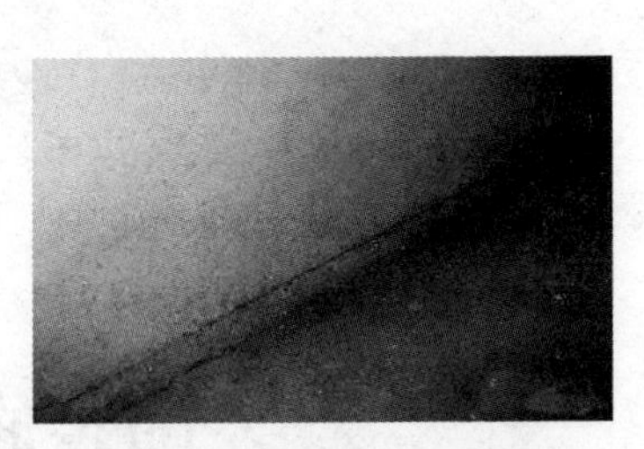

图 14–2　施工现场弹线

（3）混凝土拌制与运输。

1）混凝土搅拌机（图 14–3）开机前应进行试运行，并对其安全性能进行检查，确保其运行正常。

混凝土搅拌时应先加石子，后加水泥，最后加砂和水，其搅拌时间不得少于1.5min，当掺有外加剂时，搅拌时间应适当延长

图 14–3　混凝土搅拌机作业

2）混凝土在运输中（图 14–4），应保持混凝土的匀质性，做到不分层、不离析、不漏浆。

混凝土运到浇筑地点时，应具有要求的坍落度，坍落度一般控制在10～30mm

图 14–4　混凝土运输

（4）混凝土垫层铺设。

1）混凝土的配合比应根据设计要求通过试验确定。

2）投料必须严格过磅，精确控制配合比。每盘投料顺序为石子、水泥、砂、水。应严格制水量，搅拌要均匀，搅拌时间不少于 90s。

3）铺设前，将基层湿润，并在基底上刷一道素水泥浆或界面结合剂，随刷随铺混凝土。

4）混凝土铺设应从一端开始，由内向外铺设。混凝土应连续浇筑，间歇时间不得超过 2h。如间歇时间过长，应分块浇筑，接槎处按施工缝处理，接缝处混凝土应捣实压平，不显接头槎。

（5）混凝土垫层的振捣与找平。

1）用铁锹铺摊混凝土，用水平控制桩和找平墩控制标高，虚铺厚度略高于找平墩，然后用平板振动器振捣（图 14–5）。

混凝土厚度超过200mm时，应采用插入式振动器，其移动距离不应大于作用半径的1.5倍，做到不漏振，确保混凝土密实。

图 14–5　平板振动器振捣

2）混凝土振捣密实后，以墙柱上水平控制线和水平墩为标志，检查平整度，高出的地方铲平，凹的地方补平。对混凝土应先用水平刮杠刮平，然后表面用木抹子搓平。有找坡要求时，坡度应符合设计要求。

3. 施工总结

（1）混凝土浇筑完毕后，应在 12h 以内用草帘等加以覆盖和浇水，浇水次数应能保持混凝土具有足够的湿润状态，浇水养护时间不少于 7d。

（2）浇筑的垫层混凝土强度达到 1.2MPa 以后，方可允许人员在其上面走动和进行其他工序施工。

（3）冬期施工环境温度不得低于 5℃。如在负温下施工时，混凝土中应掺加防冻剂，防冻剂应经检验合格后方准使用。防冻剂掺量应由试验确定。混凝土垫层施工完后，应及时覆盖塑料布和保温材料。

二、陶粒混凝土垫层铺设

1. 工艺流程

工艺流程如下：

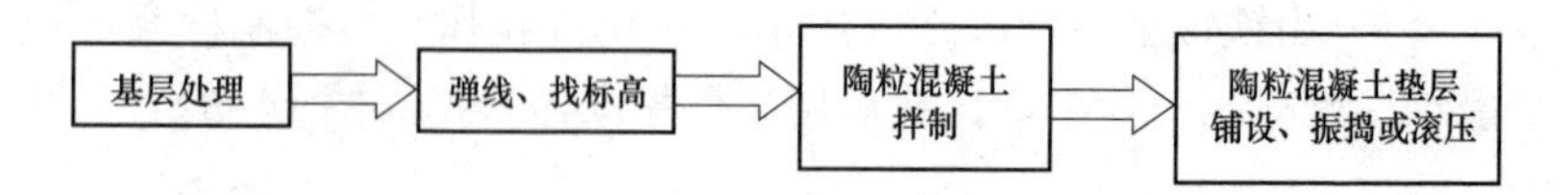

2. 施工工艺

（1）基层处理。在浇筑陶粒混凝土垫层之前将混凝土楼板基层进行处理，把黏结在某层上的松动混凝土、砂浆等用錾子剔掉，用钢丝刷刷掉水泥浆皮，然后用扫帚扫净。

（2）弹线、找标高。

1）找标高弹水平控制线（图 14–6）：根据墙上的+50cm 水平标高线，往下量测出垫层标高，有条件时可弹在四周墙上。

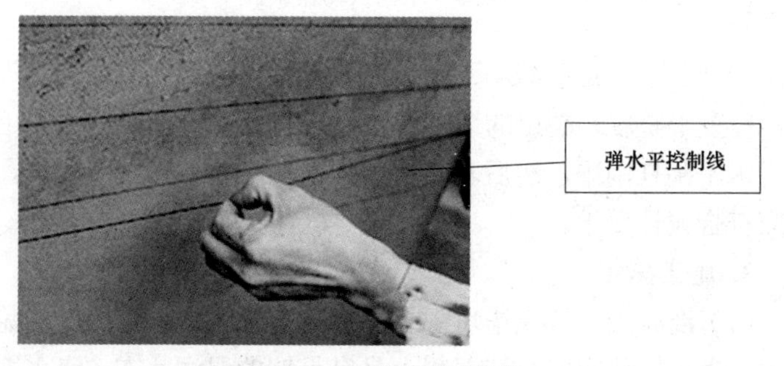

图 14–6　弹水平控制线

2）如果房间较大，可隔 2m 左右抹细石混凝土找平墩。有坡度要求的地面，按设计要求的坡度找出最高点和最低点后，拉小线再抹出坡度墩，以便控制垫层的表面标高。

（3）陶粒混凝土拌制。陶粒混凝土拌制（图 14–7）时先将骨料、水泥、水和外加剂均按质量计量。骨料的计量允许偏差应小于±3%，水泥、水和外加剂计量允许偏差应小于±2%。

① 采用自落式搅拌机的加料顺序是：先加1/2的用水量，然后加入粗细骨料和水泥搅拌约1min，再加剩余的水量，继续搅拌不少于2min。
② 采用强制式搅拌机的加料顺序是：先加细骨料、水泥和粗骨料，搅拌约1min，再加水继续搅拌不少于2min。
③ 搅拌时间比普通混凝土稍长，约3min

图 14–7　陶粒混凝土拌制

（4）陶粒混凝土垫层铺设、振捣或滚压。

1）在已清理干净的基层上洒水湿润。

2）涂刷水灰比宜为 0.4～0.5 的水泥浆结合层。

3）铺已搅拌好的陶粒混凝土（图 14–8），用铁锹将混凝土铺在基层上，以已做好的找平墩为标准将灰铺平，比找平墩高出 3mm，然后用平板振动器振实找平。如厚度较薄时，可随铺随用铁锹和特制木拍板拍压密实，并随即用大杠找平，用木抹子搓平或用铁辊滚压密实，全部操作过程要在 2h 内完成。

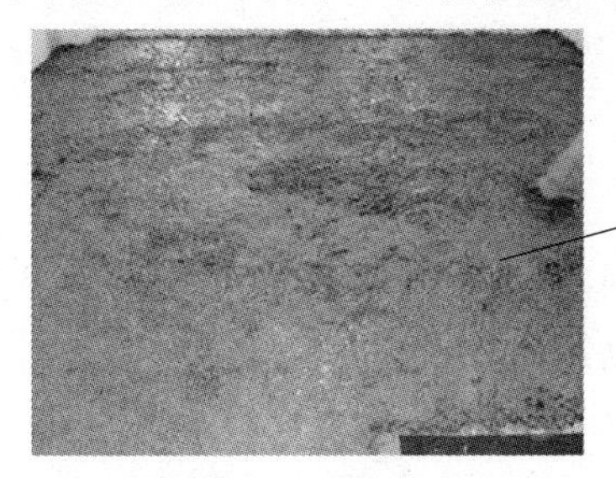

浇筑陶粒混凝土垫层时尽量不留或少留施工缝，如必须留施工缝时，应用木方或木板挡好断槎处，施工缝最好留在门口与走道之间，或留在有实墙的轴线中间，接槎时应在施工缝处涂刷结合层水泥浆（W/C0.4～0.5），再继续浇筑。浇筑后应进行洒水养护。强度达1.2MPa后方可进行下道工序操作

图 14–8　铺设陶粒混凝土

3. 施工总结

（1）陶粒混凝土浇筑完毕后，应在12h以内用草帘等加以覆盖和浇水，浇水次数应能保持混凝土具有足够的湿润状态，浇水养护时间不少于7d。

（2）陶粒混凝土垫层的厚度不应小于60mm。

三、找平层铺设

1. 工艺流程

工艺流程如下：

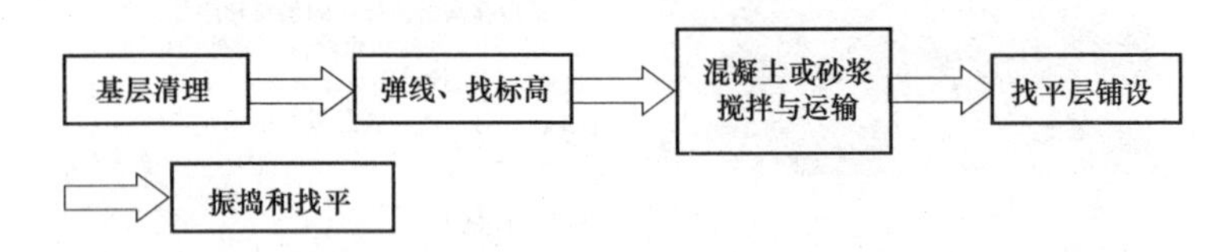

2. 施工工艺

（1）基层清理。浇灌混凝土前，应清除基层的淤泥和杂物，如图14–9所示。

图14–9　找平层基层清理

（2）弹线、找标高。根据墙上水平标高控制线，向下量出找平层标高，在墙上弹出控制标高线。找平层面积较大时，采用细石混凝土或水泥砂浆找平墩控制垫层标高，找平墩为60mm×60mm，高度同找平层厚度，双向布置，间距不大于2m。

用水泥砂浆做找平层时，还应冲筋。

（3）混凝土或砂浆搅拌与运输。混凝土或砂浆搅拌与运输的具体内容如下。

1）混凝土搅拌时应先加石子，后加水泥，最后加砂和水，其搅拌时间不得少于1.5min，当掺有外加剂时，搅拌时间应适当延长。

2）水泥砂浆搅拌，先向已转动的搅拌机内加入适量的水，再按配合比将水泥和砂子先后投入，再加水至规定配合比，搅拌时间不得少于2min，

3）混凝土、砂浆运输过程中，应保持其匀质性，做到不分层、不离析、不漏浆。运到浇灌地点时，混凝土应具有要求的坍落度，坍落度一般控制在10～30mm，砂浆应满足施工要求的稠度。

（4）找平层铺设。

1）铺设找平层前，应将下一层表面清理干净。当找平层下有松散填充料时，应予铺平振实。

2）用水泥砂浆或水泥混凝土铺设找平层（图14–10），其下一层为水泥混凝土垫层时，应予湿润，当表面光滑时，成划（凿）毛。

铺设时先刷一遍水泥浆，其水灰比宜为0.4～0.5，并应随刷随铺

图14–10　找平层铺设施工

3）在预制钢筋混凝土板（或空心板）上铺设找平层时，对

楼层两间以上大开间房，在其支座搁置处（承重墙或钢筋混凝土梁）还应采取构造措施，如设置分格条，也可配置构造钢筋或按设计要求配置，以防止该处沿预制板（或空心板）搁置端方向可能出现的裂缝。

（5）振捣和找平。

1）用铁锹铺摊混凝土或砂浆，用水平控制桩和找平墩控制标高，虚铺厚度略高于找平墩，然后用平板振动器振动（图14–11）。

厚度超过200mm时，应采用插入式振动器，其移动距离不应大于作用半径的1.5倍，做到不漏振，确保混凝土密实

图 14–11　找平层使用平板振动器振捣

2）混凝土振捣密实后，以墙柱上水平控制线和水平墩为标志，检查平整度，高出的地方铲平，凹的地方补平。混凝土或砂浆先用水平刮杠刮平，然后表面用木抹子搓平，铁抹子抹平压光。

3）在水泥砂浆或水泥混凝土找平层上铺设（铺涂）防水类卷材或防水类涂料隔离层时，找平层表面应洁净、干燥，其含水率不应大于 9%。并应涂刷基层处理剂，以增强防水材料与找平层之间的黏结。

3. 施工总结

找平层施工总结的具体内容如下：

（1）找平层采用水泥砂浆时，其体积比不应小于 1:3（水泥:砂）；找平层采用水泥混凝土时，其混凝土强度等级不应小于 C15。

（2）找平层厚度应符合设计要求，但水泥砂浆不应小于20mm，水泥混凝土不应小于30mm。

第二节　楼地面面层铺设施工

一、水泥混凝土面层铺设

1. 工艺流程

工艺流程如下：

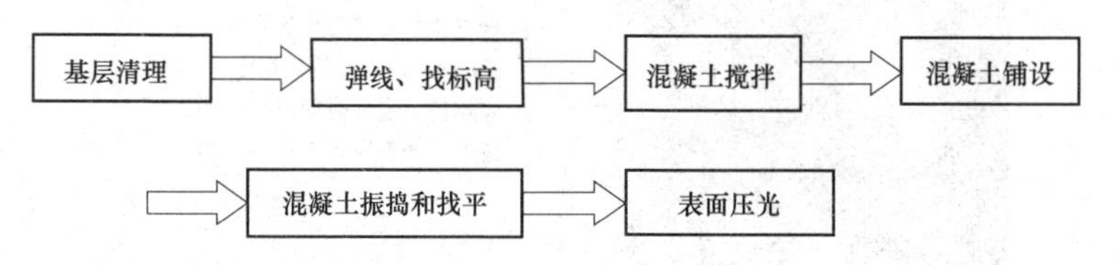

2. 施工工艺

（1）基层清理。基层清理（图 14–12）：把沾在基层上的浮浆、落地灰等用錾户或钢丝刷清理掉，再用扫帚将浮上清扫干净。

如有油污，应用5%～10%浓度火碱水溶液清洗。湿润后，刷素水泥浆或界面处理剂，随刷随铺设混凝土，避免间隔时间过长风干形成空鼓

图 14–12　水泥混凝土基层清理

（2）弹线、找标高。弹线、找标高的具体做法及内容如下：

1）根据水平标准线和设计厚度，在四周墙、柱上弹出面层的水平标高控制线。

2）按线拉水平线抹找平墩（60mm×60mm 见方，与面层完成面同高，用同种混凝土），间距双向不大于 2m。有坡度要求的房间应按设计坡度要求拉线，抹出坡度墩。

（3）混凝土搅拌。

1）混凝土的配合比应根据设计要求通过试验确定。

2）投料（图 14–13）必须严格过磅，精确控制配合比。

每盘投料顺序为：石子→水泥→砂→水。应严格控制用水量，搅拌要均匀，搅拌时间不少于90s，坍落度一般不应大于30mm

图 14–13　混凝土投料

（4）混凝土铺设。铺设时，先刷以水灰比为 0.4～0.5 的水泥浆，并随刷随铺混凝土，用刮尺找平。浇筑水泥混凝土的坍落度不宜大于 30mm。

（5）混凝土振捣和找平。

1）用铁锹铺混凝土，厚度略高于找平墩，随即用平板振动器振动。厚度超过 200mm 时，应采用插入式振动器，其移动距离不大于作用半径的 1.5 倍，做到不漏振，确保混凝土密实。振捣以混凝土表面出现泌水现象为宜，或者用 30kg 重辊纵横滚压密实，表面出浆即可。

2）混凝土振捣密实后，以墙柱上的水平控制线和找平墩为标志，检查平整度，高的铲掉，凹处补平。撒一层干拌水泥砂（水泥:砂=1:1），用水平刮杠刮平。有坡度要求的，应按设计要求的坡度施工。

（6）表面压光。表面压光（图 14–14）：当面层灰面吸水后，用木抹子用力搓打、抹平，将干拌水泥砂拌和料与混凝土的浆混合，使面层达到紧密结合。

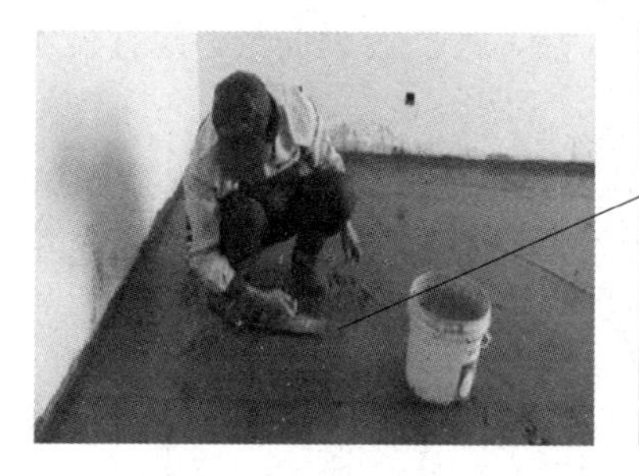

① 第一遍抹压:用铁抹子轻轻抹压一遍直到出浆为止。
② 第二遍抹压：当面层砂浆初凝后（上人有脚印但不下陷），用铁抹子把凹坑、砂眼填实抹平，注意不得漏压。
③ 第三遍抹压：当面层砂浆终凝前（上人有轻微脚印），用铁抹子用力抹压，把所有抹纹压平压光，达到面层表面密实光洁

图 14–14　水泥混凝土面层表面压光

3. 施工总结

水泥混凝土面层铺设的基本内容如下：

（1）施工时不得碰撞水电安装用的水暖立管等，保护好地漏、出水口等部位的临时堵头，以防灌入浆液、杂物造成堵塞。

（2）冬期施工时，环境温度不应低于 5℃。如果在负温下施工，所掺抗冻剂必须经过试验室试验合格后方可使用。不宜采用氯盐、氨等作为抗冻剂，不得不使用时掺量必须严格按照规范规定的控制量和配合比通知单的要求加入。

二、水泥砂浆面层铺设

1. 工艺流程

工艺流程如下：

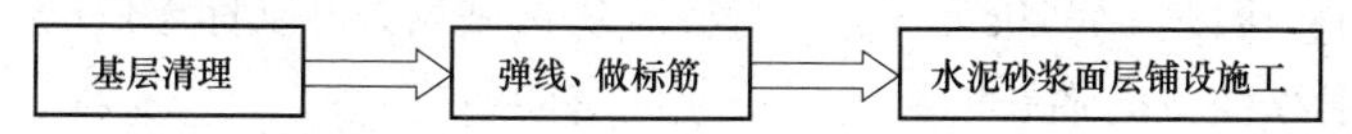

2. 施工工艺

（1）基层处理。水泥砂浆面层多是铺抹在楼面、地面的混凝土、水泥炉渣、碎砖三合土等垫层上，垫层处理是防止水泥砂浆面层空鼓、裂纹、起砂等质量通病的关键工序。因此，要求垫层

应具有粗糙、洁净和潮湿的表面。水泥砂浆面层基层处理的内容如下。

1）在现浇混凝土或水泥砂浆垫层、找平层上做水泥砂浆地面面层时，其抗压强度达 1.2MPa 后，才能铺设面层，这样做不致破坏其内部结构。

2）铺设地面前，还要再一次将门框校核找正，方法是先将门框锯口线抄平找正，并注意当地面面层铺设后，门扇与地面的间隙（风路）应符合规定要求，然后将门框固定，防止松动、位移。

（2）弹线、做标筋。

1）地面抹灰前，应先在四周墙上弹出一道水平基准线（图 14–15），作为确定水泥砂浆面层标高的依据。

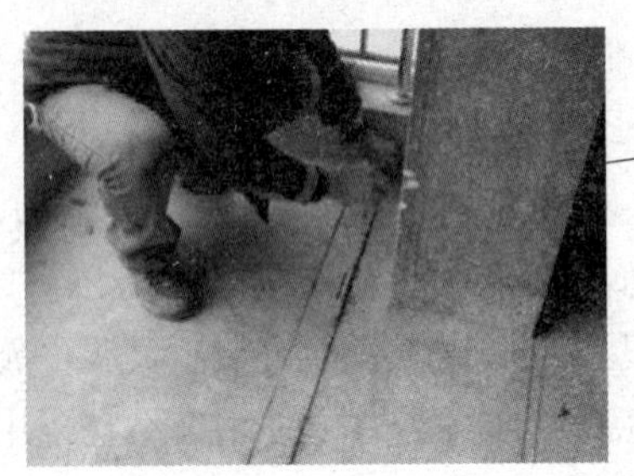

水平基准线是以地面±0.000及楼层砌墙前的抄平点为依据，一般可根据情况弹在标高50cm的墙上

图 14–15　弹水平基准线

2）根据水平基准线再把地面面层上皮的水平辅助基准线弹出。面积不大的房间，可根据水平基准线直接用长木杠抹标筋，施工中进行几次复尺即可。面积较大的房间，应根据水平基准线在四周墙角处每隔 1.5～2.0m 用 1:2 水泥砂浆抹标志块，标志块大小一般是 8～10cm 见方。待标志块结硬后，再以标志块的高度做出纵横方向通长的标筋以控制面层的厚度。

3）对于厨房、浴室、卫生间等房间的地面，须将流水坡度（图 14–16）找好。

（3）水泥砂浆面层铺设施工。

1）水泥砂浆（图 14–17）应采用机械搅拌，拌和要均匀，

有地漏的房间，要在地漏四周找出不小于5%的泛水。抄平时要注意各室内地面与走廊高度的关系

图 14–16　卫生间流水找坡

颜色一致，搅拌时间不得小于 2min。水泥砂浆的稠度（以标准圆锥体沉入度计）：当在炉渣垫层上铺设时，宜为 25～35mm；当在水泥混凝土垫层上铺设时，应采用干硬性水泥砂浆，以手捏成团稍出浆为准。

图 14–17　水泥砂浆面层施工

2）施工时，先刷水灰比为 0.4～0.5 的水泥浆，随刷随铺随拍实，并应在水泥初凝前用木抹子搓平压实。

3）面层压光宜用钢皮抹子分三遍完成，并逐遍加大用力压光。当采用地面抹光机压光时，在压第二、第三遍中，水泥砂浆的干硬度应比手工压光时稍干一些。压光工作应用水泥终凝前完成。

4）当水泥砂浆面层干湿度不适宜时，可采取淋水或撒布干拌的 1:1 水泥和砂（体积比、砂须过 3mm 筛）进行抹平压光工作。

5）当面层需分格（图 14–18）时，应在水泥初凝后进行弹线分格。

先用木抹子搓一条约一抹子宽的面层，
用钢皮抹子压光，并用分割器压缝。分
格应平直，深浅要一致

图 14–18　面层分格施工

6）当水泥砂浆面层内埋设管线等出现局部厚度减薄处，并在 10mm 及 10mm 以下时，应按设计要求做防止面层开裂处理后方可施工。

7）水泥砂浆面层铺好经 1d 后，用锯屑、砂或草袋覆盖洒水养护，每天两次，不少于 7d。

3. 常见问题及解决方法

水泥砂浆面层施工过程中常常出现起砂（图 14–19）、空鼓（图 14–20）的现象。

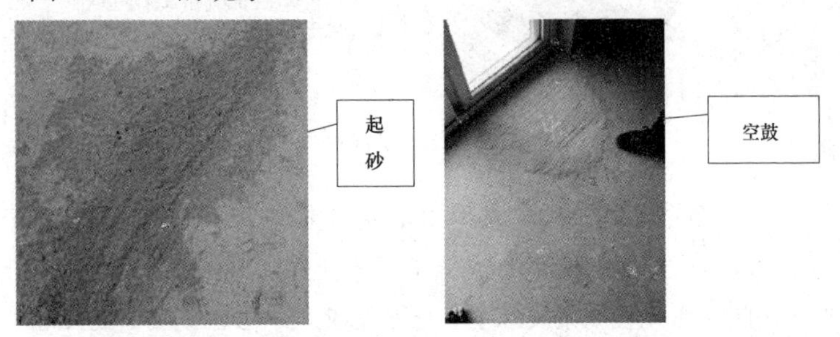

图 14–19　水泥砂浆面层起砂　　图 14–20　水泥砂浆面层空鼓

解决方法如下：

（1）水泥砂浆面层起砂的处理方法：局部起砂，将面层清理干净，完全干燥后，使用机器将起砂部分磨洗；面层起砂严重，将原面层清洗凿毛，涂刷界面剂，增加新旧层的黏结力，铺设 1:2 水泥砂浆面层，水泥初凝时再压实收光，最后进行养护。

（2）水泥砂浆面层起鼓的处理方法：对于房间四周角边出现的空鼓，面积很小的在 0.2m^2 以下表面没有裂缝的可以不进行修补；如面积较大，必须修理，可先用切割机顺着空鼓地面的边界

切出比实际空鼓范围稍大的房间，切割后錾子在空鼓范围凿除面层。然后将基层处理干净，用水湿润，再用 1:2.5 水泥砂浆铺底、1:3 水泥砂浆面分两次进行修补、压光，严格掌握压光时间，避免结合处出现裂缝，最后进行养护。

4. 施工总结

水泥砂浆面层抹压后，应在常温湿润条件下养护。养护要适时，如浇水过早易起皮，如浇水过晚则会使面层强度降低而加剧其干缩和开裂倾向。一般在夏天是 24h 后养护，春秋季节应在 48h 后养护。养护一般不少于 7d。最好是在铺上锯木屑（或以草垫覆盖）后再浇水养护，浇水时宜用喷壶喷洒，使锯木屑（或草垫等）保持湿润即可。如采用矿渣水泥时，养护时间应延长到 14d。

第三节 抹灰工程施工

一、墙柱面抹灰施工

1. 工艺流程

工艺流程如下：

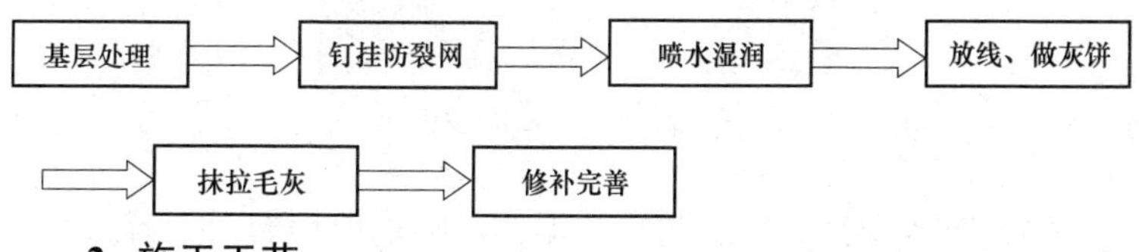

2. 施工工艺

（1）基层处理。基层处理（图 14–21）：基层表面要保持平整洁净，无浮浆、油污，将柱、梁等凸出墙面的混凝土剔平，凹处提前刷净，用水浸透后，用 1:3 水泥砂浆分层补平，脚手架眼、螺栓孔采用发泡剂封堵。

光滑的混凝土表面应进行凿毛处理。外墙喷界面剂一道

图 14–21　墙面基层处理

（2）钉挂防裂网。钉挂防裂网（图 14–22）：不同基体材料交接处、剔槽部位、临时施工洞处两侧钉防裂钢丝网，防裂网宽度为 500mm，接缝处两边各挂出 250mm。用射钉将防裂网固定在墙面上，挂网要做到均匀、牢固。

图 14–22　钉挂防裂网

（3）喷水湿润。用水将墙体湿润，喷水要均匀，不得遗漏，墙体表面的吸水深度控制在 20mm 左右。

（4）放线、做灰饼。放线、做灰饼（图 14–23）：根据所放垂线和水平线在墙面上抹灰饼，确定抹灰厚度。抹灰饼的砂浆材料、配合比同基层抹灰的砂浆配合比。

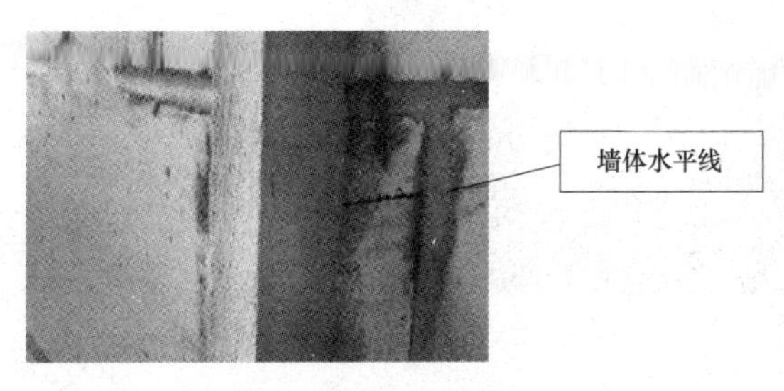

图 14–23　墙体放线

（5）基层抹灰要在界面剂达到一定强度后，开始用水泥砂浆打底扫毛，底灰应分层涂抹，每层厚度不应大于 10mm，必须在前一层砂浆凝固后再抹下一层，当抹灰厚度大于 35mm 时，应采用铁丝网加强。

（6）抹拉毛灰。抹拉毛灰（图 14–24）：抹拉毛灰以前应对底灰进行浇水，且水量应适宜，墙面太湿，拉毛灰易发生往下坠流的现象；若底灰太干，不容易操作，毛也拉不均匀。

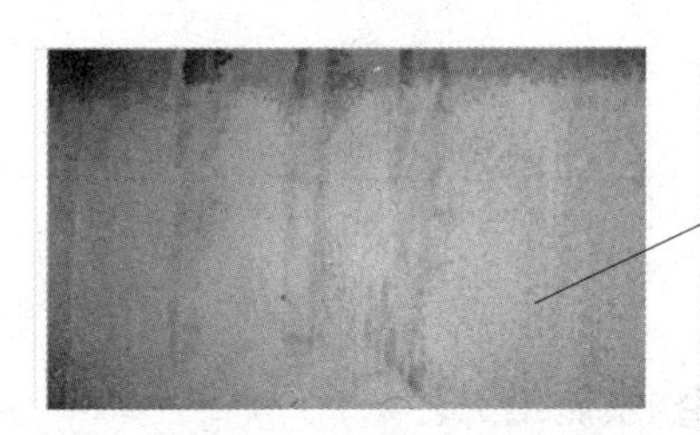

毛灰施工时，最好两人配合进行，一人在前面抹拉毛灰，另一人紧跟着用木抹子平稳地压在拉毛灰上，接着就顺势轻轻地拉起来，拉毛时用力要均匀，速度要一致，使毛显露，大、小均匀

图 14–24　抹拉毛灰施工

（7）修补完善。修补完善（图 14–25）：个别地方拉的毛不符合要求，可以补拉 1～2 次，一直到符合要求为止。

3. 施工总结

基层应按规定处理好，浇水应充分、均匀；严格分层操作并控制好各层厚度，各层之间的时间间隔应充足。

操作拉出的毛有棱角，且很分明，待稍干时，再用抹子轻轻地将毛头压下去，使整个面层呈不连续的花纹

图 14–25　修补施工

二、顶棚抹灰施工

1. 工艺流程

（1）现浇混凝土楼板顶棚抹灰：

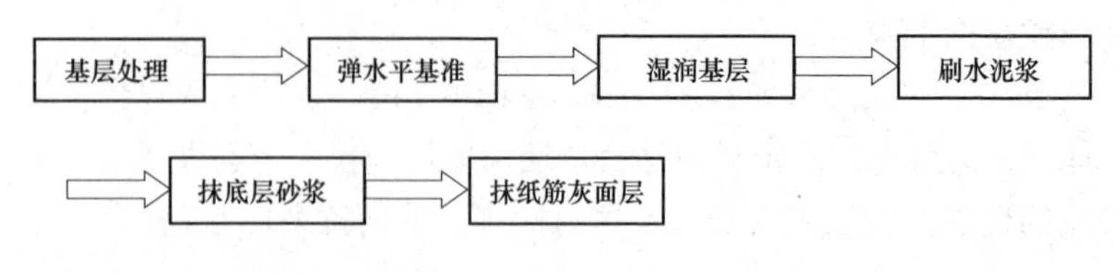

（2）灰板条吊顶抹灰：

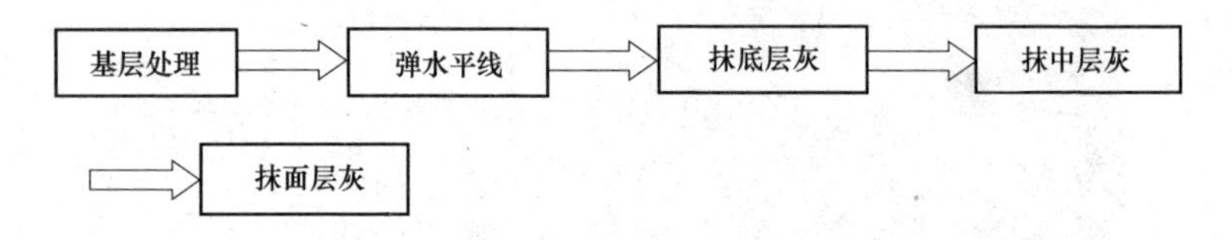

2. 现浇混凝土楼板顶棚抹灰施工工艺

（1）基层处理。基层处理：对采用钢模板施工的板底凿毛，并用钢丝刷满刷一遍，再浇水湿润。

（2）弹线。弹线（图 14–26）：视设计要求的抹灰档次及抹灰面积大小等情况，在墙柱面顶弹出抹灰层控制线。小面积普通抹灰顶棚，一般用目测控制其抹灰面平整度及阴阳角顺直即可；大面积高级抹灰顶棚，则应找规矩、找水平、做灰饼及冲筋等。

根据墙柱上弹出的标高基准墨线，用粉线在顶板下100mm的四周墙面上弹出一条水平线，作为顶板抹灰的水平控制线。对于面积较大的楼盖顶或质量要求较高的顶棚，宜通线设置灰饼

图 14–26　弹抹灰控制线

（3）抹灰底。

1）抹底灰（图 14–27）：抹灰前应对混凝土基体提前洒（喷）水润湿，抹时应一次用力抹灰到位，并初平，不宜翻来覆去扰动，否则会引起掉灰，待稍干后再用搓板刮尺等刮平，最后一遍需压光，阴阳角应用角模拉顺直。

在顶板混凝土湿润的情况下，先刷素水泥浆一道，随刷随打底，打底采用1:1:6水泥混合砂浆。对顶板凹度较大的部位，先大致找平并压实，待其干后，再抹大面底层灰，其厚度每边不宜超过8mm。操作时需用力抹压，然后用压尺刮抹顺平，再用木磨板磨平，要求平整稍毛，不必光滑，但不得过于粗糙，不许有凹陷深痕SS

图 14–27　顶棚抹底灰施工

2）抹面层灰时可在中层六七成干时进行，预制板抹灰时必须朝板缝方向垂直进行，抹水泥类灰浆后需注意洒水养护。

（4）抹面罩灰。抹面罩灰（图 14–28）：待灰底六七成干时，即可抹面层纸筋灰。如停歇时间长、底层过分干燥，则应用水润湿。

涂抹时分两遍抹平、压实，
其厚度不应大于2mmA

图 14–28 抹面罩灰施工

3. 灰板条吊顶抹灰施工工艺

灰板条吊顶抹灰施工的具体步骤及内容见表 14–1。

表 14–1 灰板条吊顶抹灰施工

名称	内 容
清理基层	将基层表面的浮灰等杂物清理干净
弹水平线	在顶棚靠墙的四周墙面上弹出水平线，作为抹灰厚度的标志
抹底层灰	抹底灰时，应顺着板条方向，从顶棚墙角由前向后抹，用铁抹子刮上麻刀石灰浆或纸筋石灰浆，用力来回压抹，将底灰挤入板条缝隙中，使转角结合牢固，厚度为 3～6mm
抹中层灰	待中层灰七成干后，用钢抹子轻敲有整体声时，即可抹中层灰；用铁抹子横着灰板条方向涂抹，然后用软刮尺横着板条方向找坡
抹面层灰	待中层灰约七成干后，用钢抹子顺着板条方向罩面，再用软刮尺找平，最后用钢抹子压光。 为了防止抹灰裂缝和起壳，所用石灰砂浆不宜掺水泥，抹灰层不宜过厚，总厚度应控制在 15mm 以内

4. 施工总结

对于要求大面积平滑的顶棚，以及要求拱形、折板和某种特殊形式的顶棚，往往非抹灰莫属。另外，厚度大于 15mm 的钢丝网水泥砂浆抹灰层，还可作为钢结构或建筑物某些部位的防火保护层，但它们不能与木质部分接触。

三、楼梯抹灰施工

1. 工艺流程

工艺流程如下：

2. 施工工艺

（1）水泥砂浆楼梯踏步抹灰。

1）清扫基层。清扫基层，洒水润湿，根据休息平台水平线，按上下两头踏步口弹一斜线作为分步标准，操作时踏步角对在斜线上，最好弹出踏步的宽度和高度后再操作，浇水湿润，扫水泥浆一道，随即抹 1:3 水泥砂浆（体积比）底子灰，厚约 15mm。

2）楼梯踏步抹面。楼梯踏步抹面（图 14–29）：抹立面（踢面）时，先抹立面（踢板），再抹平面（踏板）、由上往下抹，抹立面时用八字尺压在上面，按尺寸留出灰口，依尺用木抹子搓平；再把靠尺支在立面上抹平整，依着靠尺用木抹搓平，并做出棱角，把底子灰划麻，次日罩面。

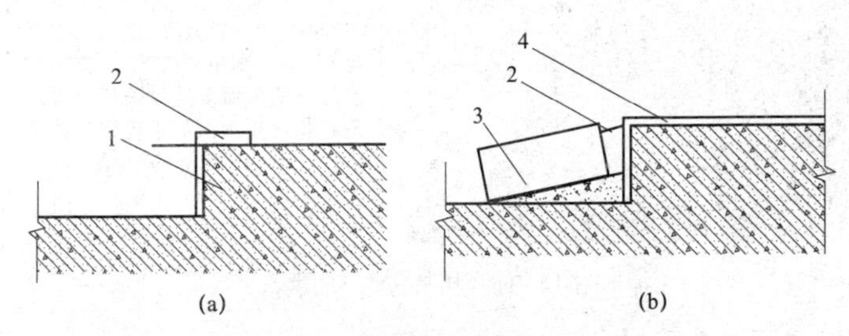

图 14–29　楼梯踏步抹面示意图

（a）楼梯踏步立面抹灰；（b）楼梯踏步平面抹灰

1—楼梯踏步；2—八字尺；3—木抹；4—罩面灰

3）罩面灰（图 14–30）宜采用 1 : 2～2.5 水泥砂浆（体积比），厚 8mm。应根据砂浆干湿情况先抹出几步，再返上去压光，并用阴、阳角抹子将阴、阳角捋光，24h 后开始浇水养护，一般是 1 周左右，在未达到强度前严禁上人。

施工（安装后）应铺设木板保护，7d内不准上人，14d内不准运输材料等重物；楼梯踏步面层未验收前，应严加保护，以防被碰坏或撞掉踏步角边。

图 14–30　楼梯踏步抹罩面灰

（2）防滑条设置。水磨石面层常做水泥钢屑防滑条，踏步的防滑条（图 14–31），在罩面时一般在踏步口进出约 4cm 粘上宽 2cm、厚 7mm 的米厘条。米厘条事先用水泡透，小口朝下用素灰贴上，把罩面灰与米厘条抹成一平面，达到强度后取出米厘条，再在槽内填 1:1.5 水泥金钢砂浆，高出踏脚 4mm。用圆角阳角抹子捋实、捋光，再用小刷子将金钢砂粒刷出。

防滑条的另一种做法，是在抹完罩面灰后，立即用一刻槽尺板把防滑条位置的罩面灰挖掉来代替米厘条。还可用预制的水泥钢屑防滑条，用素水泥浆黏结埋入槽内

图 14–31　楼梯踏步防滑条

3. 施工总结

（1）楼梯踏步面施工前，应在楼梯一侧墙面上画出各个踏步做面层后的高宽尺寸及形状，或按每个梯段的上、下两头踏步口画一斜线作为分步标准。

（2）楼梯踏步面层的施工与相应的面层基本相同，每个踏步宜先抹立面（踢面）后再抹平面（踏面）。楼梯踏步面层应自上而下进行施工。

四、机械喷涂抹灰施工

1. 工艺流程

工艺流程如下：

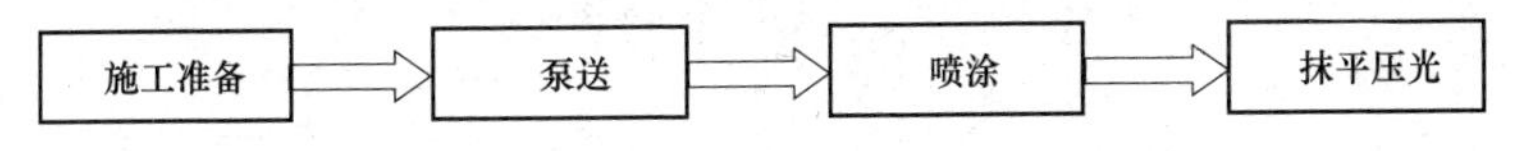

2. 施工工艺

（1）施工准备的内容如下：

1）墙体所有预埋件、门窗及各种管道安装应准确无误，楼板、墙面上孔洞应堵塞密实，凸凹部分应剔补平整。

2）根据墙面基体平整度、装饰要求，找出规矩，设置标志、标筋；层高 3m 以下时，横标筋宜设二道，筋距 2m 左右；层高 3m 及以上时，再增加一道横筋，设竖标筋时，标筋距离宜为 1.2～1.5m，标筋宽度 3～5cm。

（2）泵送。

1）泵送（图 14–32）前应做好检查，正常后才能进行泵送作业。

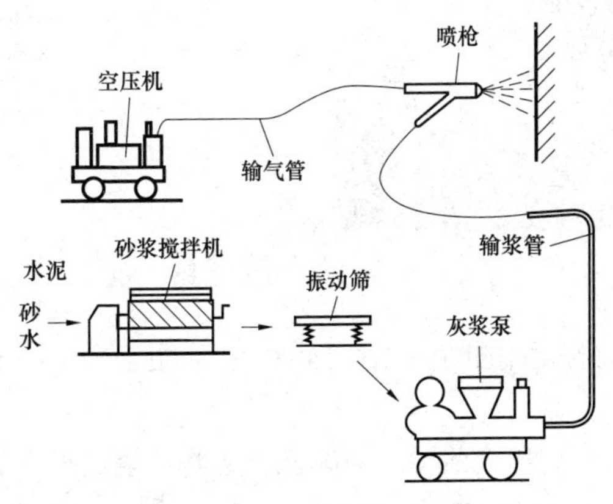

图 14–32　泵送喷涂示意图

2）泵送时（图 14–33），应先压入清水湿润，再压入适宜稠度的纯净石灰膏或水泥浆润滑管道，压至工作面后，即可输送砂浆。石灰膏应注意回收利用，避免喷溅地面、墙面，污染现场。

泵送砂浆应连续进行，避免中间停歇。当需停歇时，每次间歇时间：石灰砂浆不应超过30min；混合砂浆不应超过20min；水泥砂浆不应超过10min。间歇时间超过上述规定时，应每隔4～5min开动一次灰浆联合机搅拌器，使砂浆处于正常调和状态，防止沉淀堵管。如停歇时间过长，应清洗管道

图 14–33　泵送喷涂施工

（3）喷涂。

1）根据所喷涂部位、材料确定喷涂顺序和路线，一般可按先顶棚后墙面，先室内后过道、楼梯间进行喷涂。

2）喷涂（图 14–34）厚度一次不宜超过 8mm。

当超过时应分遍进行，一般底灰喷涂两遍：第一遍根据抹灰厚度将基体平整或喷拉毛灰；第二遍待头遍灰凝结后再喷，并应略高于标筋

图 14–34　喷涂施工

3）室外墙面的喷涂（图 14–35），应由上向下按 S 形路线巡回喷涂。

4）面层灰喷涂前 20～40min，应将头遍底层灰湿水，待表面晾干至无明水时再喷涂。

底层灰应分段进行，每段
宽度为1.5 ～2.0MPa

图 14–35　室外墙面喷涂

（4）抹平压光操作的步骤及内容如下：

1）喷涂过程中的落地灰应及时清理回收，面层灰应随喷随刮随压，各工序应密切配合。

2）喷涂后应及时清理标筋，用大板沿标筋从下向上反复去高补低。喷灰量不足时，应及时补平。当后做护角线、踢脚板及地面时，喷涂后应及时清理，留出护角线、踢脚板位置。

3. 施工总结

（1）高处抹灰时，脚手架、吊篮、工作台应稳定可靠，有护栏设备，应符合国家现行行业标准《建筑施工高处作业安全技术规范》（JGJ 80—1991）的有关规定。施工前应进行安全检查，合格后方可施工。

（2）喷涂作业前，试喷与检查喷嘴是否堵塞，应避免喷枪口突发喷射伤人。在喷涂过程中，应有专人配合，协助喷枪手拖管，以防移管时失控伤人。

第十五章

装饰装修提升技能

第一节　玻璃幕墙施工

一、单元式玻璃幕墙施工

1. 工艺流程

工艺流程如下：

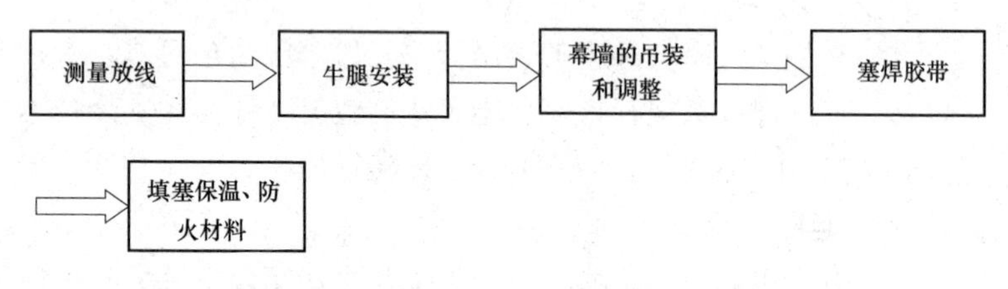

2. 施工工艺

（1）测量放线的具体内容如下：

1）测量放线的目的是确定幕墙安装的准确位置，因此，必须先根据幕墙设计施工图纸。

2）对主体结构的质量进行检查，做好记录，如有问题应提前进行剔凿处理。

3）校核建筑物的轴线和标高，然后弹出玻璃幕墙安装位置线。

（2）牛腿安装。

1）在建筑物上固定幕墙，首先要安装好牛腿铁件。在土建结构施工时，应按设计要求将固定牛腿铁件的T形槽预埋在每层楼板（梁、柱）的边缘或墙面上（图15–1）。

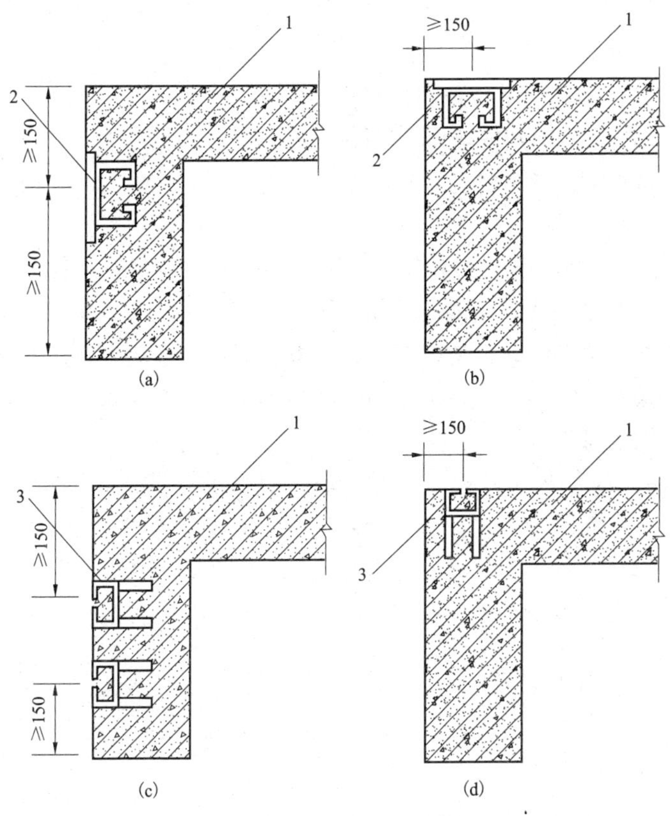

图15–1　预埋件设置示意图

（a）、（b）预埋铁件方案；（c）、（d）预埋T形槽方案

1—主体钢筋混凝土楼层结构；2—预埋铁件；3—预埋T形槽

2）当主体结构为钢结构时，连接件可直接焊接或用螺栓固定在主体结构上；当主体结构为钢筋混凝土结构时，如施工能保证预埋件位置的精度，可采用在结构上预埋铁件或T形槽来固定连接件，否则应采用在结构上钻孔安装金属膨胀螺栓来固定连

接件。

3）牛腿安装前，用螺钉先穿入T形槽内，再将铁件初次就位，就位后进行精确找正。牛腿找正是幕墙施工中重要的一环，它的准确与否将直接影响幕墙安装质量。

（3）幕墙的吊装和调整的内容如下：

1）幕墙运到现场后，有条件的应立即进行安装就位。否则，应将幕墙存放箱中，也可用脚手架木支搭临时存放，但必须用苫布遮盖。

2）幕墙吊至安装位置时，幕墙下端两块凹形轨道插入下层已安装好的幕墙上端的凸形轨道内，将螺钉通过牛腿孔穿入幕墙螺孔内，螺钉中间要垫好两块减振橡胶圆垫。幕墙上方的方管梁上焊接的两块定位块，坐落在牛腿悬挑出的长方形橡胶块上，用两个六角螺栓固定。

3）幕墙吊装就位后，通过紧固螺栓、加垫等方法进行水平、垂直、横向三个方向调整，使幕墙横平竖直，外表一致。

（4）塞焊胶带。幕墙与幕墙之间的间隙，用V形和W形橡胶带封闭，胶带两侧的圆形槽内，用一条$\phi 6$圆胶棍将胶带与铝框固定。

（5）填塞保温、防火材料。幕墙内表面与建筑物的梁柱间，四周均有约200mm间隙，这些间隙要按防火要求进行收口处理，用轻质防火材料充塞严实。空隙上封铝合金装饰板，下封大于0.8mm厚镀锌钢板，并宜在幕墙后面粘贴黑色非燃织品。

3. 施工总结

（1）当构件式玻璃幕墙框料或单元式玻璃幕墙各单元与连接件连接后，应对整幅幕墙进行检查和纠偏，然后应将连接件与主体结构（包括用膨胀螺栓锚固）的预埋件焊牢。

（2）单元式玻璃幕墙各单元的间隙、构件式玻璃幕墙的框架料之间的间隙、框架料与玻璃之间的间隙，以及其他所有的间隙，应按设计图纸要求予以留够。

二、明框玻璃幕墙施工

1. 工艺流程

工艺流程如下：

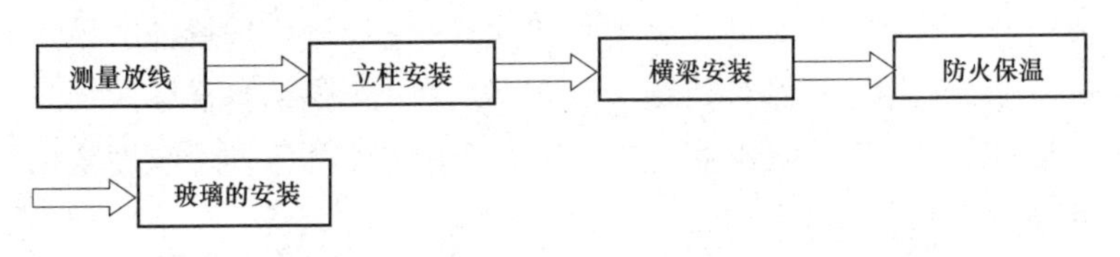

2. 施工工艺

（1）测量放线：在工作层上放出 z、y 轴线，用激光经纬仪依次向上定出轴线。再根据各层轴线定出楼板预埋件的中心线，并用经纬仪垂直逐层校核，再定各层连接件的外边线，以便与立柱连接。

（2）立柱安装。

1）立柱安装（图 15–2）常用的固定办法有两种：一种是将骨架立柱型钢连接件与预埋铁件依弹线位置焊牢；另一种是将立柱型钢连接件与主体结构上的膨胀螺栓锚固。如果在土建施工中安装与土建能统筹考虑，密切配合，则应优先采用预埋件。

应该注意：连接件与预埋件连接时，必须保证焊接质量。每条焊缝的长度、高度及焊条型号均须符合焊接规范要求。采用膨胀螺栓时，钻孔应避开钢筋，螺栓埋入深度应能保证满足规定的抗拔能力。连接件一般为铟钢，形状随幕墙结构立柱形式变化和埋置部位变化而不同

图 15–2　立柱安装

2）连接件安装后，可进行立柱的连接。立柱一般每 2 层 1 根，通过紧固件与每层楼板连接。立柱安装完一根，即用水平仪

调平、固定。将立柱全部安装完毕，并复验其间距、垂直度后，即可安装横梁。

（3）横梁的安装。横梁杆杆件型材的安装，如果是型钢，可焊接，也可用螺栓连接。焊接时，因幕墙面积较大，焊点多，要排定一个焊接顺序，防止幕墙骨架的热变形。固定横梁杆的另一种办法是：用一穿插件将横梁穿在穿插件上，然后将横梁两端与穿插件固定，并保证横梁、立柱间有一个微小间隙便于温度变化伸缩。

（4）幕墙防火保温。

1）由于幕墙与柱、楼板之间产生的空隙对防火、隔声不利，所以，在做室内装饰时，必须在窗台上下部位做内衬墙。内衬墙的构造类似于内隔墙，窗台板以下部位可以先立筋，中间填充矿棉或玻璃棉防火隔热层，后覆铝板隔气层，再封纸面石膏板，也可以直接砌筑加气混凝土板。

2）玻璃幕墙四周与主体结构之间的缝隙，应采用防火的保温材料填塞；内外表面应采用密封胶连续封闭，接缝应严密不漏水。

（5）玻璃安装的具体内容如下：

1）玻璃与构件不得直接接触。玻璃四周与构件凹槽底应保持一定空隙，每块玻璃下部应设不少于 2 块弹性定位垫块；垫块的宽度与槽口宽度应相同，长度不应小于 100mm；玻璃两边嵌入量及空隙应符合设计要求。

2）玻璃四周的橡胶条应按规定型号选用，镶嵌应平整，橡胶条长度宜比边框内槽口长 1.5%～2%，其断口应留在四角；斜面断开后应拼成预定的设计角度，并应用胶粘剂黏结牢固后嵌入槽内。

3. 施工总结

立柱先与连接件连接，然后连接件再与主体结构埋件连接，应按立柱轴线前后偏差不大于 2mm、左右偏差不大于 3mm、立柱连接件标高偏差不大于 3mm 调整、固定。

第二节　金属幕墙与石材幕墙施工

一、金属幕墙施工

1. 工艺流程

工艺流程如下：

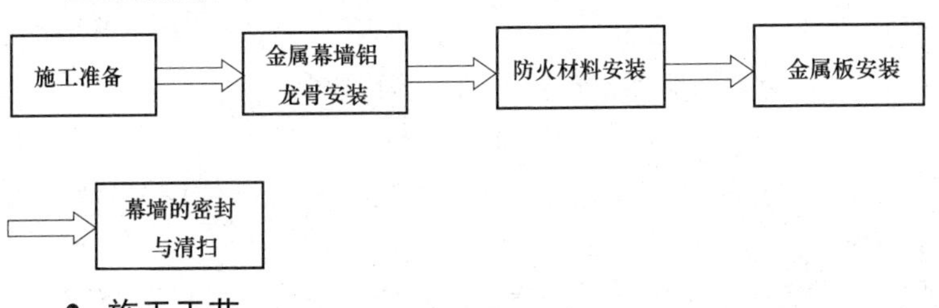

2. 施工工艺

（1）施工准备的内容主要有：

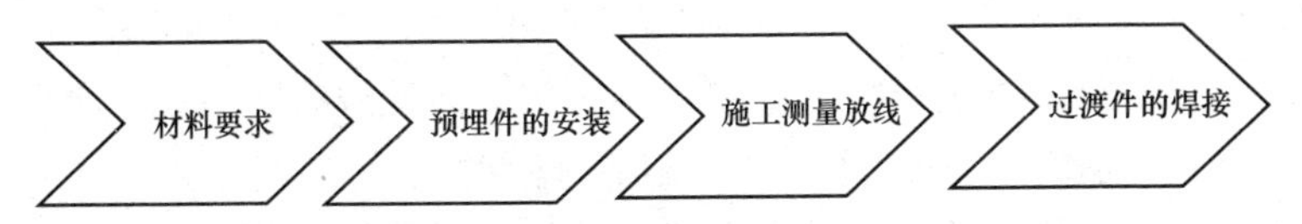

1）材料要求的内容如下：

① 金属幕墙材料应选用耐气候性的材料。金属材料和零配件除不锈钢外，钢材应进行表面热镀锌处理或其他有效防腐措施，铝合金应进行表面阳极氧化处理或其他有效的表面处理。

② 硅酮结构密封胶、硅酮耐候密封胶必须有与所接触材料的相容性试验报告。橡胶条应有成分分析报告和保质年限证书。

③ 金属幕墙构件应按同一种类构件的5%进行抽样检查，且每种构件不得少于5件。当有一个构件抽检不符合上述规定时，应加倍抽样复验，全部合格后方可出厂；构件出厂时，应附有构件合格证书。

2）预埋件安装。按照土建进度，从下向上逐层安装预埋件；按照幕墙的设计分格尺寸，用经纬仪或其他测量仪器进行分格定位。检查定位无误后，按图纸要求埋设铁件；安装埋件时要采取措施防止浇筑混凝土时埋件位移，控制好埋件表面的水平或垂直，严禁歪、斜、倾等。

3）施工测量放线。放标准线：在每一层将室内标高线移至外墙施工面，并进行检查；在石材挂板放线前，应首先对建筑物外形尺寸进行偏差测量，根据测量结果，确定出挂板的基准面。

（2）金属幕墙铝龙骨安装的具体内容如下：

1）先将立柱从上至下，逐层挂上。

2）根据水平钢丝，将每根立柱的水平标高位置调整好，销紧螺栓。

3）再调整进出、左右位置，经检查合格后，拧紧螺母。

4）当调整完毕，整体检查合格后，将垫片、螺母与铁件电焊上。

5）最后安装横龙骨，安装时水平方向应拉线，并保证竖龙骨与横龙骨接口处的平整，且不能有松动。

6）立柱与连接铁件之间要垫胶垫；因立柱料比较重，应轻拿轻放，防止碰撞、划伤；挂料时，应将螺母拧紧些，以防脱落而掉下去；调整完以后，要将避雷铜导线接好。

（3）防火材料安装的内容如下：

1）龙骨安装完毕，可进行防火材料的安装。

2）安装时应按图纸要求，先将防火镀锌板固定（用螺钉或射钉），要求牢固可靠，并注意板的接口。

3）铺防火棉，安装时注意防火棉的厚度和均匀度，保证与龙骨料接口处的饱满，且不能挤压，以免影响面材。

4）进行顶部封口处理，即安装封口板。

5）安装过程中要注意对玻璃、钢板、铝材等成品的保护，以及内装饰的保护。

（4）金属板安装的内容如下：

1）安装前应将铁件或钢架、立柱、避雷、保温、防锈全部检查一遍，合格后再将相应规格的面材搬入就位，然后自上而下进行安装。

2）安装过程中拉线相邻玻璃面的平整度和板缝的水平、垂直度，用木板模块控制缝的宽度。

3）安装时，应先就位，临时固定，然后拉线调整。

4）安装过程中，如缝宽有误差，应均分在每条胶缝中，防止误差积累在某一条缝中或某一块面材上。

（5）幕墙的密封与清扫。

1） 幕墙密封操作的具体内容见15–1。

表15–1　　幕墙密封操作的具体内容

名称	内　　容
密封部位的清扫和干燥	采用甲苯对密封面进行清扫，清扫时应特别注意不要让溶液散发到接缝以外的场所，清扫用的纱布脏污后应常更换，以保证清扫效果，最后用干燥清洁的纱布将溶剂蒸发后的痕迹拭去，保持密封面干燥
贴防护纸胶带	为防止密封材料使用时污染装饰面，同时为使密封胶缝与面材交界线平直，应贴好纸胶带，要注意纸胶带本身的平直
注胶	注胶应均匀、密实、饱满，同时注意施胶方法，避免浪费
胶缝修整	注胶后，应将胶缝用小铲沿注胶方向用力施压，将多余的胶刮掉，并将胶缝刮成设计形状，使胶缝光滑、流畅
清除纸胶带	胶缝修整好后，应及时去掉保护胶带，并注意撕下的胶带不要污染玻璃面或铝板面；及时清理粘在施工表面上的胶痕

2） 幕墙的清扫。清扫时先用浸泡过中性溶剂（5%水溶液）的湿纱布将污物等擦去，然后再用干纱布擦干净；清扫灰浆、胶带残留物时，可使用竹铲、合成树脂铲等仔细刮去；禁止使用金属清扫工具，不得用粘有砂子、金属屑的工具。

3. 施工总结

（1）相邻两根立柱安装标高偏差不应大于 3mm，同层立柱的最大标高偏差不应大于 5mm；相邻两根立柱的距离偏差不应大于 2mm。

（2）金属板安装时，左、右、上、下的偏差不应大于 1.5mm。

二、石材幕墙施工

1. 工艺流程

工艺流程如下：

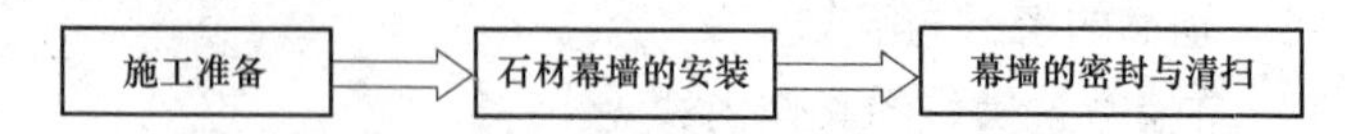

2. 施工工艺

（1）施工准备的内容主要有：

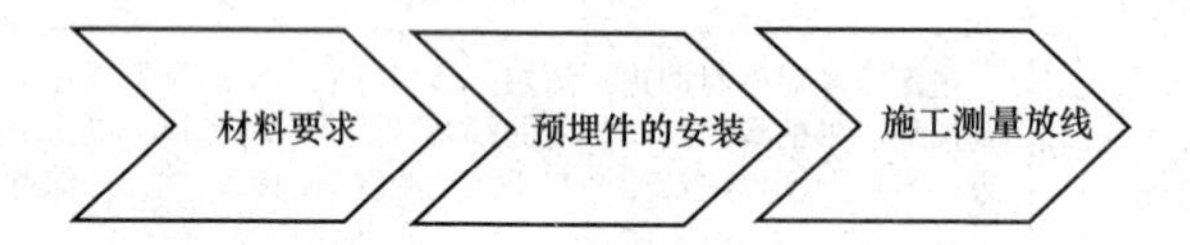

1） 材料要求的内容如下：

① 石材幕墙所选用的材料应符合国家现行产品标准的规定，同时应有出厂合格证、质保书及必要的检验报告。

② 石材幕墙的材料应选用耐气候性的材料。金属材料和零配件除不锈钢外，钢材应进行表面热镀锌处理，铝合金应进行表面阳极氧化处理。

③ 幕墙材料应采用不燃烧性材料或难燃烧性材料。

④ 幕墙所选用材料的物理力学及耐候性能应符合设计要求。

⑤ 硅酮结构密封胶、硅酮耐候密封胶必须有与所接触材料的相容性试验报告。橡胶条应有成分分析报告和保质年限证书。

2） 预埋件安装的内容如下：

① 按照土建进度，从下向上逐层安装预埋件。

② 按照幕墙的设计分格尺寸，用经纬仪或其他测量仪器进行分格定位。

③ 检查定位无误后，按图纸要求埋设铁件。

④ 安装埋件时要采取措施防止浇灌混凝土时埋件位移，控制好埋件表面的水平或垂直。

⑤ 检查预埋件是否牢固、位置是否正确。预埋件的位置误差应按设计要求进行复查，当设计无明确要求时，预埋件的标高偏差不应大于 10mm，预埋件的位置与设计位置偏差不应大于 20mm。

（2）石材幕墙的安装。

1）石材幕墙骨架安装操作要点如下：

① 根据控制线确定骨架位置，严格控制骨架位置偏差。

② 干挂石材板主要靠骨架固定，因此必须保证骨架安装的牢固性。

③ 在挂件安装前必须全面检查骨架位置是否准确、焊接是否牢固，并检查焊缝质量。

2）石材幕墙挂件的安装。

挂板应采用不锈钢或铝合金型材，钢销应采用不锈钢件，连接挂件宜采用 L 形，避免一个挂件同时连接上下两块石板。

3）石材幕墙骨架防锈的内容如下：

① 槽钢主龙骨、预埋件及各类镀锌角钢焊接破坏镀锌层后，均满涂两遍防锈漆（含补刷部分）进行防锈处理，并控制第一道、第二道的间隔时间不小于 12h。

② 型钢进场必须有防潮措施，并在除去灰尘及污物后进行防锈操作。

③ 严格控制不得漏刷防锈漆，特别控制为焊接而预留的缓刷部位在焊后涂刷不得少于两遍。

（3）石材幕墙的密封与清扫。石材幕墙密封的内容见表 15-2。

表 15–2　　　　　　　石材幕墙密封操作

名称	内　容
密封部位的清扫和干燥	采用甲苯对密封面进行清扫，清扫时应特别注意不要让溶液散发到接缝以外的场所，清扫用的纱布造词脏污后应常更换，以保证清扫效果，最后用干燥清洁的纱布将溶剂蒸发后的痕迹拭去，保持密封面干燥
贴防护纸胶带	为防止密封材料使用时污染装饰面，同时为使密封胶缝与面材交界线平直，应贴好纸胶带，要注意纸胶带本身的平直
注胶	注胶应均匀、密实、饱满，同时注意施胶方法，避免浪费
胶缝修整	注胶后，应将胶缝用小铲沿注胶方向用力施压，将多余的胶刮掉，并将胶缝刮成设计形状，使胶缝光滑、流畅
清除纸胶带	胶缝修整好后，应及时去掉保护胶带，并注意撕下的胶带不要污染板材表面；及时清理粘在施工表面上的胶痕

3. 施工总结

在完成幕墙测量放线和物料编排后，将幕墙单元的铝码托座按照参考线，安装到楼面的预埋件上。首先点焊调节高低的角码，确定位置无误后，对角码施行满焊，焊后涂上防腐防锈油漆，然后安装横料，调整标高。

参 考 文 献

［1］建筑工程施工质量验收统一标准（GB 50300—2013）［S］. 北京：中国建筑出版社，2013.

［2］建筑地基基础工程施工质量验收规范（GB 50202—2002）［S］. 北京：中国计划出版社，2010.

［3］砌体结构工程施工质量验收规范（GB 50203—2011）［M］. 北京：中国建筑工业出版社，2011.

［4］混凝土结构工程施工质量验收规范（GB 50204—2002）［M］. 北京：中国建筑工业出版社，2011.

［5］屋面工程施工质量验收规范（GB 50207—2012）［M］. 北京：中国建筑工业出版社，2012.

［6］地下防水工程施工质量验收规范（GB 50208—2011）［M］. 北京：光明日报出版社，2011.

［7］北京建工集团有限责任公司.建筑分项工程施工工艺标准（上、下册）［M］. 3 版. 北京：中国建筑工业出版社，2008.